智能变电站继电保护技术应用研究

方　涛　樊越甫　主编

中国矿业大学出版社

内 容 提 要

随着我国经济的不断发展，投入的配电网建设资金不断增加，提高了配电网供电的可靠性以及供电的质量，达到了客户的使用需求。但从我国当前配电网实际运行情况来看，仍有很多问题存在，需要对其进行分析，找出相应的解决措施，本书也正是基于此撰写的。本书主要内容包括：智能变电站继电保护技术概述、智能变电站过程层设备、智能蛮电站继电保护系统与配置、智能蛮电站继电保护实现技术、继电保护系统测试技术等。

图书在版编目（CIP）数据

智能变电站继电保护技术应用研究 / 方涛，樊越甫主编.--徐州：
中国矿业大学出版社，2019.4

ISBN 978-7-5646-4422-2

Ⅰ.①智…　Ⅱ.①方…　②樊…　Ⅲ.①智能系统－变电所－
继电保护－研究　Ⅳ.①TM63-39②TM77-39

中国版本图书馆 CIP 数据核字（2019）第 084317 号

书　　名	智能变电站继电保护技术应用研究
主　　编	方　涛　樊越甫
责任编辑	耿东锋
出版发行	中国矿业大学出版社有限责任公司
	（江苏省徐州市解放南路　邮编221008）
营销热线	(0516)83884103　83885105
出版服务	(0516)83995789　83884920
网　　址	http://www.cumtp.com　**E-mail:** cumtpvip@cumtp.com
印　　刷	廊坊市安次区华旺印刷厂
开　　本	787×1092　1/16　印张12.5　字数257千字
版次印次	2019年5月第1版　2019年5月第1次印刷
定　　价	68.00元

（图书出现印装质量问题，本社负责调换）

前　言

随着经济的进步与发展，不管是城市的工业还是乡村的农业，甚至人们平时的生活，都已经离不开电力资源。变电站影响着电力的供应，而继电保护措施则影响着变电站的安全、稳定运行。变电站的日益现代化、智能化，使得继电保护技术也在不断革新。智能变电站作为我国电网智能化的重要组成部分，在建设过程中核心技术为继电保护技术。对继电保护技术进行完善，能够有效推动智能变电站构建，提高智能变电站安全性能，促进我国电网智能化建设。

近年来继电保护技术取得了较快的进步，而且在实际应用中也取得了较好的成效。特别是在智能变电站中继电保护技术更具有较大的优势，依据智能变电站的特点，对智能变电站继电保护技术中存在的缺陷进行分析，从而采取有效的措施对智能变电站继电保护技术进行优化，能有效地提高继电保护的安全性、实时性和稳定性，保证变电站安全、稳定运行。

本书全面论述了智能变电站过程层设备、智能变电站继电保护系统与配置、智能变电站继电保护实现技术、继电保护系统测试技术等内容。

由于作者水平和时间有限，对提出的一些想法还有待于在以后的研究工作中进一步完善，如有不足之处，望广大读者积极指正。

作　者
2018 年 12 月

前　言

目　　录

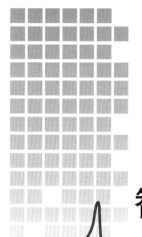

第一章

智能变电站继电保护技术概述

第一节 智能变电站基本概念及主要技术特点

一、基本概念

智能变电站（简称智能站）是智能电网的重要组成部分。按照国家电网公司企业标准 Q/GDW 383—2009《智能变电站技术导则》的定义，智能变电站是采用先进、可靠、集成、低碳、环保的智能设备，以全站信息数字化、通信平台网络化、信息共享标准化为基本要求，自动完成信息采集、测量、控制、保护、计量和监测等基本功能，并可根据需要支持电网实时自动控制、智能调节、在线分析决策、协同互动等高级功能的变电站。

智能变电站采用 IEC 61850 标准，将变电站一次、二次设备按功能分为三层，分别是站控层、间隔层和过程层，如图 1-1 所示。

站控层包括监控主机、操作员工作站、远动工作站、对时装置等。站控层提供站内运行人机界面，实现对间隔层设备的管理控制，并通过电力数据网与调度中心或集控中心通信，实现面向全站设备的监视、控制、告警及信息交互功能，完成数据采集和监视控制（SCADA）、操作闭锁以及同步相量采集、电能量采集、保护信息管理等相关功能。

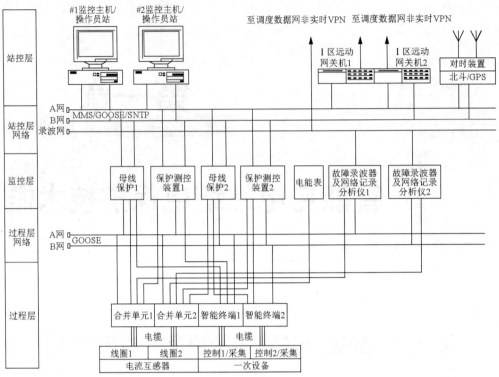

图 1-1 三层两网结构的智能变电站二次系统

间隔层包括继电保护装置、测控装置、监测功能组主 IED 等二次设备。间隔层设备汇总本间隔中过程层设备发送的实时数据信息，通过网络传送给站控层设备，同时接收站控层发出的控制操作命令，实现操作命令的承上启下通信传输功能。间隔层还具备对一次设备的保护控制和操作闭锁等功能。

过程层包括变压器、断路器、隔离开关、电流/电压互感器等一次设备及其所属的智能组件以及独立的智能电子装置。过程层主要完成模拟量采样、开关量输入/输出和操作控制命令发送等与一次设备相关的功能。

如图 1-1 所示，变电站通信网络由站控层网络和过程层网络组成。站控层网络是站控层设备和间隔层设备之间的网络，实现站控层内部以及站控层与间隔层之间的数据传输。过程层网络是间隔层设备和过程层设备之间的网络，实现过程层设备与间隔层设备之间的数据传输。间隔层设备之间的通信，物理上可以映射到站控层网络，也可以映射到过程层网络。

站控层通信网络一般采用星型结构的 100 Mb/s 高速工业以太网。

二、主要技术特点

1. 一次设备智能化

一次设备智能化是智能变电站区别于常规变电站（简称常规站）的重要特征之一。目前，智能变电站通过配置合并单元和智能终端进行就地采样控制，实现一次设备的测量数字化、控制网络化；通过传感器与一次设备的一体化安装实现设备状态可视化，通过对各类状态监测后台的集成，建立设备状态监测系统，为实现状态检修提供条件，进而提高一次设备管理水平，延长设备寿命，降低设备全寿命周期成本。

2. 通信规约标准化

智能变电站所有智能设备统一采用 IEC 61850 标准建立信息模型和通信接口，设备间可实现互操作和无缝连接。各类设备按统一的通信标准接入变电站通信网络，不需要为不同功能建设各自的信息采集、传输和执行系统，减少了软硬件的重复投资，实现了设备间的互操作以及信息的共享，为未来实现设备的互换性提供了条件。

3. 光纤取代电缆，数字取代模拟

常规变电站中的二次设备与一次设备之间、二次设备间采用电缆进行连接，电缆感应电磁干扰和一次设备传输过电压可能引起二次设备运行异常。长电缆的电容耦合干扰以及二次回路两点接地可能造成继电保护误动作。智能变电站增加了过程层网络，合并单元、智能终端采用就地安装，用光纤取代了传统站中的大量长电缆（见图 1-2），大大节省了全站控制及信号电缆长度，同时避免了电缆带来的电磁干扰、传输过电压和两点接地问题，提高了信号传输的可靠性；另外还缩小了电缆沟尺寸，节约了土地，减轻了现场安装调试维护工作量。

4. 功能集成，设备简化

采样控制就地化以及信息传输网络化，使二次设备采样、执行机构简化，促进了装置集成，例如保护测控一体化装置、合并单元智能终端一体化装置、网络化故障录波装置的应用，减少了二次设备的数量，同时也促进了设备接口的规范和简化。智能变电站中用虚端子方式取代了常规站中装置的端子和端子排，通过虚端子的逻辑连线实现装置之间的配合，端子排及电缆接线简化为光口及光缆连接。由于逻辑回路取代了大量的继电器回路，

以往的保护功能投退及跳闸出口等硬压板可被软压板取代，相应功能由装置软件内部的控制字设置来实现，也促进了硬件的简化。

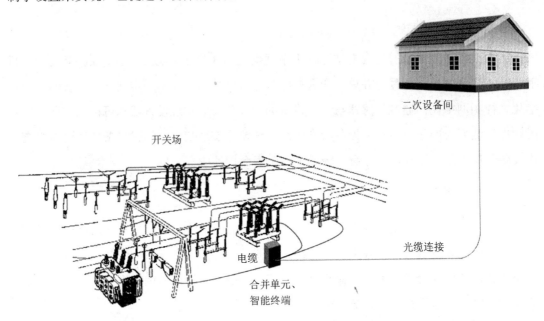

二次设备间

开关场

光缆连接

电缆

合并单元、
智能终端

图 1-2　光纤取代电缆

此外，交直流一体化电源系统的采用实现了站内各类电源系统的一体化设计、配置、监控，减少了蓄电池数量，简化了跨屏接线，实现了统一管理。智能辅助控制系统的建立，解决了常规站缺乏全面的环境监视、依赖人工巡检、辅助系统孤立、无智能告警联动、管理难度大的问题，减少了辅助系统的人工干预，减少了误判误动，达到了对变电站辅助系统实行智能运行管理的目的。

5. 调试手段变革

随着智能变电站全站信息数字化的推进、通信标准的统一、接线的简化及接口标准化，变电站自动化系统的大量二次电缆接线模式演变成虚端子虚回路的配置。相比于传统变电站围绕着纸质图纸，智能变电站围绕着全站系统配置文件（substation configuration description，SCD），设计和系统集成将逐渐融合，设计可以直接提交包含全站模型信息的SCD 文件并提供给各设备厂商，供其直接导入，完全避免了原先对照图纸、依靠人力进行信息输入和现场接线的弊端，从而在工程实施这个关键环节体现智能变电站的优势和价值，实现"最大化工厂工作量、最小化现场工作量"。

6. 提高运行自动化水平，降低设备全寿命周期成本

智能变电站一次设备、二次设备和通信网络都具备完善的自检功能，可根据设备的健康状况实现状态检修，从而有效降低设备全寿命周期成本。

智能变电站的设备间信息交换均按照统一的 IEC 61850 标准通过通信网络完成，通信系统的可靠性和实时性大幅提高，传输的信息更完整，变电站因此可实现更多更复杂的自动化功能。在扩充功能和扩展规模时，只需在通信网络上接入符合相应国际标准的设备，无须改造或更换原有设备，即可保护用户投资，减少变电站全寿命周期成本。

智能变电站的各种功能的采集、计算和执行分布在不同设备上实现。变电站在新增功能时，如果原来的采集和执行设备已能满足新增功能的需求，可在原有设备上运行新增功能的软件，不需要硬件投资。

7. 精简设备配置，优化场地布置

在安全可靠、技术先进、经济合理的前提下，智能变电站的总布置遵循资源节约、环境友好的技术原则，结合新设备、新技术的使用条件，实现配电装置场地和建筑物布置优化。例如，常规变电站为了减少电缆、提高抗干扰能力，在配电装置场地设置多个继电保护小室，而智能变电站中智能终端、合并单元的就地安装使保护测控装置与现场二次电缆大量减少，因此可根据现场情况减少继电保护小室的建筑面积、占地面积和数量。

由于光缆大量替代电缆，可缩小智能变电站内的电缆沟尺寸，减少敷设材料，实现电缆沟优化。

第二节　智能变电站继电保护技术特点

一、数字式保护装置与常规微机保护装置的主要区别

智能变电站采用数字式的新型继电保护装置，与常规微机保护装置相比，在保护原理、软件算法方面区别不大，在模拟量采样、开关量输入输出、对外通信接口方面有了全新的实现方式。数字式保护装置是微机保护的最新发展阶段。

由于数字式继电保护装置不再担负电流、电压模拟量的模数转换和开关量的强弱电转换隔离工作，在硬件配置上与常规微机保护装置有很大区别。通过对比图 1-3 和图 1-4 可见：

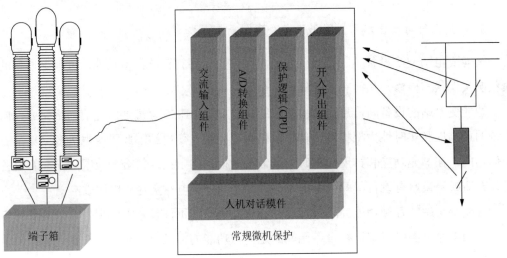

图 1-3   常规微机保护装置的结构图

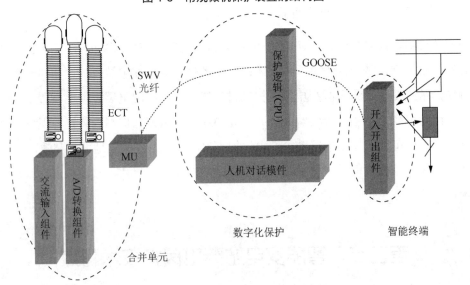

图 1-4   数字式保护装置的结构图

（1）数字式保护装置没有了模拟量采集组件和 A/D 转换组件，取而代之的是光纤高速数据接口。模拟量采集和 A/D 转换由合并单元来完成。

（2）数字式保护装置没有了开关量输入输出组件，开关量采集和断路器操作由智能终端来执行。

与常规微机保护装置相比，数字式保护装置减少了交流输入插件、开关量输入/输出插件、采样保持插件和信号插件，增加了过程层光口插件。数字式保护装置拥有更多的通信网络接口、更高的数据处理能力。另外，为了满足继电保护远程控制和监控系统顺序控制操作的要求，数字式继电保护装置大幅减少了硬压板数量，原有的出口硬压板和功能投退硬压板均被软压板取代，以满足远方投退的需要。按照国家电网公司继电保护"六统一"（包括输入输出量、压板、端子、通信接口类型与数量、报告和定值）标准生产的数字式保护装置只保留了"检修投入"和"远方控制"两个硬压板。

软件方面，数字式保护装置与常规微机保护装置相比，在保护功能、原理上基本保持一致。除了具有常规微机保护装置的保护逻辑软件和人机接口软件外，数字式保护增加了SV采样值接收、GOOSE开关量收发的数据处理模块。为了适应合并单元、电子式互感器的应用，数字式保护进行了一些算法优化和容错，增加过程层通信的通道中断、丢帧、校验错、数据无效等异常状态的监测、告警及应对处理模块。

二、智能变电站继电保护装置技术特点

1. 采样方式

如图 1-5 所示，常规保护装置通过模拟量电缆直接接入常规电流互感器（TA）和电压互感器（TV）的二次侧电流和电压，保护装置自身完成对模拟量的采样和 A/D 模数转换。

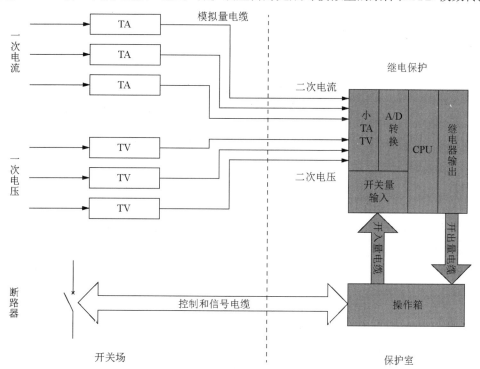

图 1-5　常规保护的采样和跳闸回路

而在智能变电站中，如图 1-6 所示，模拟量采样和 A/D 模数转换一般由电子式互感器或合并单元完成，数字式保护装置从合并单元处直接接收数字化采样值报文。

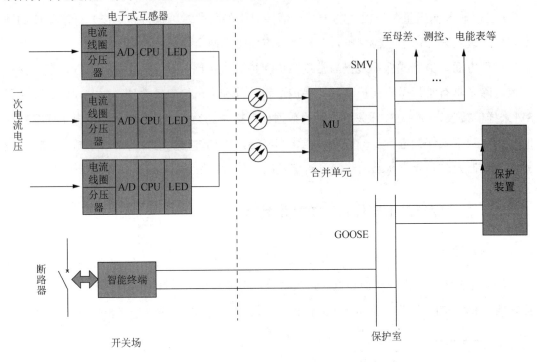

图 1-6　数字式保护的采样和跳闸回路

如图 1-7 所示，保护装置从合并单元接收采样值报文，可以采用点对点直接连接，也可以经过 SV 网络接收。按照 Q/GDW 441—2010《智能变电站继电保护技术规范》的要求，继电保护应直接采样，以保证继电保护动作的可靠性和快速性。

2. 跳闸方式

如图 1-5 所示，常规保护装置通过出口继电器辅助接点发出跳合闸命令到操作箱，然后由操作箱连接断路器操作回路实现跳合闸。常规保护装置通过二次电缆和继电器接点完成对开入量的采集和开出量信号的输出。

而在智能变电站中，如图 1-6 所示，数字式保护装置通过光纤连接智能终端实现跳合闸。智能终端取代了常规站操作箱中的操作回路和操作继电器，除输入/输出接点外，智能终端操作回路功能全部通过软件逻辑实现，二次接线大为简化。保护装置向智能终端发送跳合闸命令，既可以通过图 1-8（a）中的光纤点对点方式，也可以通过图 1-8（b）中 GOOSE 网络方式。考虑减少中间环节以提高保护动作跳闸的可靠性和快速性，Q/GDW 441—2010《智能变电站继电保护技术规范》规定，对于单间隔保护（如线路保护、母联保护）

应采用点对点方式直接跳闸，涉及多间隔的保护（如变压器保护、母线保护）宜直接跳闸。

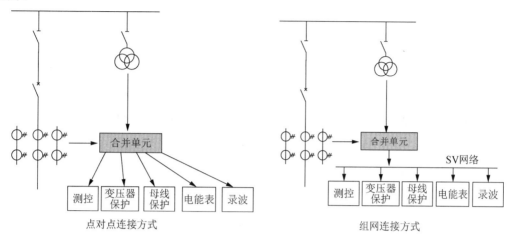

图 1-7 数字式保护的两种采样方式

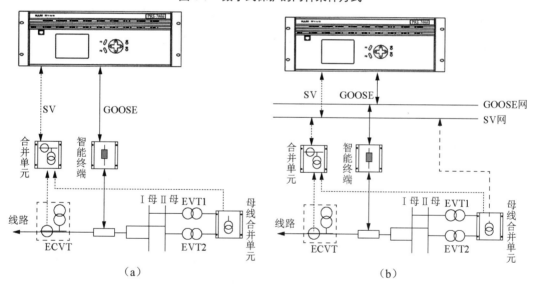

图 1-8 数字式保护的两种跳闸方式

（a）光纤点对点方式；（b）GOOSE 网络方式

3. 二次回路

电子式互感器、合并单元及智能终端的应用实现了智能变电站采样与跳闸回路的数字化和网络化，常规变电站中的二次电缆、继电器接点被光纤、交换机网络代替，不仅克服了常规变电站二次电缆回路接线复杂、抗干扰能力差等问题，还通过通信过程的不断自检实现了装置间二次回路的智能化监测，从而提高了变电站二次回路工作的可靠性。

4. 装置设计与安装新特点

数字式保护装置电流、电压采样输入通过 SV 光纤接口实现，开关量信号输出和开关量信号输入通过 GOOSE 光纤接口实现，因此装置通信接口数量比常规保护装置大大增加。由于光纤通信接口多、发热量大，装置设计面临一定困难，特别是母线保护和大型变压器保护散热问题突出。为了解决上述问题，出现了分布式保护装置。分布式保护装置由主机和若干个子机组成，中央处理和输入输出功能分散在多台装置中实现，一定程度上缓解了装置散热问题。

另外二次设备就地化安装成为智能变电站技术发展的趋势。Q/GDW 441—2010《智能变电站继电保护技术规范》提出保护装置宜独立分散、就地安装。当前智能变电站二次设备就地安装时一般安装在就地汇控柜内，汇控柜具备环境调节功能，为合并单元、智能终端提供相对适宜的运行环境。有的合并单元、智能终端取消了液晶显示器，以适应就地汇控柜的工作环境和安装尺寸要求。

5. 设备配置原则

（1）220 kV 及以上电压等级继电保护系统，不仅要求继电保护装置本身要双重化配置，相关的合并单元、智能终端、通信网络也要双重化配置。两套保护装置的电压、电流采样值分别取自两台相互独立的合并单元，两套保护的出口跳闸回路分别连接两台智能终端，两台智能终端与断路器的两个跳闸线圈分别一一对应。连接保护装置、合并单元与智能终端的通信网络也需遵循完全独立的原则双重化配置。

与常规站保护配置不同的是，为了满足通信网络双重化配置的要求，220 kV 及以上电压等级的母联（分段）保护采用双重化配置，3/2 主接线的断路器保护也采用双重化配置。

（2）采用电子式互感器的智能变电站，电子式互感器内应由两路独立的采样系统进行采集，每路采样系统应采用双 A/D 系统接入合并单元（MU），每个合并单元输出两路数字采样值由同一路通道进入一套保护装置，以满足双重化保护相互完全独立的要求。其结构如图 1-9、图 1-10 所示。

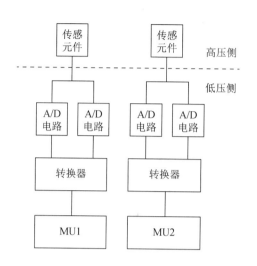

图 1-9 罗氏线圈电流互感器结构图

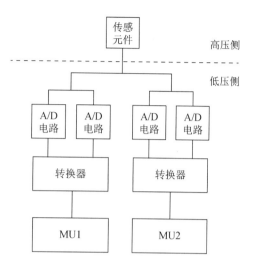

图 1-10 电子式电压互感器结构图

第三节 工程建设和调试的变革

与常规变电站相比，智能变电站技术形态变化并没有导致变电站二次系统功能要求和信息交互的内容发生实质性变化，国内经过几十年积累下来的很多关于变电站二次系统建设的经验和管理办法在概念和思路上同样适用。延续图 1-11 中常规变电站的建设思路，智能变电站二次系统的建设也包括了初步设计、施工设计、现场调试、系统验收等环节。为现场调试之前解决装置之间互联互通的问题，目前国内的智能变电站建设普遍在现场调试前增加集成联调的环节，如图 1-12 所示。另外，二次系统建设过程中的信息交换载体由过去单纯的设计图纸变成了符合 IEC 61850 标准的 ICD、SCD、CID 配置文件，这就引起每个环节中的工作内容、输入/输出及深度要求发生了很大的变化，进而对每个环节工作方式方法及手段提出了新的要求。

对比常规变电站，智能变电站有如下新的要求：

（1）施工设计需要依赖于符合标准的 ICD 文件。

（2）设计人员在设计阶段能够进行虚端子设计，并且设计阶段应保证设计结果与 SCD 文件的一致性，同时还要保证整个调试过程中 SCD 版本与设计结果的同步更新。

（3）新增了集成联调阶段。

（4）集成联调阶段和现场调试阶段都有对 SCD 文件的正确性、与设计结果的一致性、与历史版本的差异性、文件可读性的需求。

（5）系统验收时，移交的资料中 SCD 配置文件成为重点，且要有手段保证移交的 SCD 文件与现场运行的装置配置是一致的。

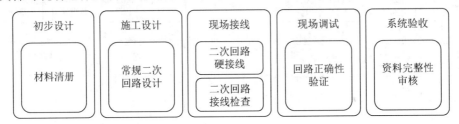

图 1-11　常规站建设过程中的业务活动

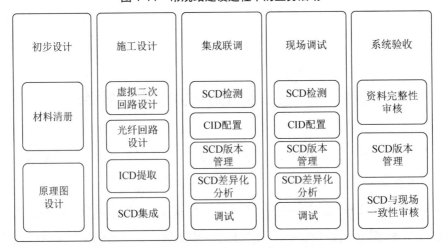

图 1-12　智能站建设过程中的业务活动

智能变电站二次系统集成过程以 SCD 文件为核心。从二次设备制造商生成 ICD 文件，到设计院开展二次系统设计完成回路图纸，基于 ICD 文件和回路设计生成 SCD 文件，再到系统联调、现场调试、系统验收等环节对 SCD 文件进行验证和完善，整个过程包括多个阶段，每个阶段都可能需要二次设备制造商、设计院、调试单位、系统集成商等多个角色参与，二次系统的建设过程是一个经过多个阶段，由多方参与、共同协作的复杂过程。

智能变电站一次设备智能化和二次设备网络化带来的变革，使得继电保护及相关设备的调试内容和要求与常规站相比有明显不同，本节系统总结了智能变电站二次设备调试工作的变化，以支持现场生产验收调试。

一、调试工作变革

与常规站相比，智能变电站继电保护设备采用光纤网络连接外部设备，过程层网络相当于常规站中的二次电缆回路，保护装置所需要的采样值、GOOSE 开关量均以网络报文的方式进行传输。由于所接外部信号输入、输出形式的改变，智能变电站继电保护及相关设备的调试项目、调试方法与常规站相比有明显的不同，主要表现在以下四个方面。

1. 调式内容的变化

由于智能变电站实现了一次设备智能化和二次设备网络化，而使得智能站中出现了电子式互感合并单元、智能终端、过程层网络等新型设备。新设备新技术的应用使得调试内容和项目有所增加，例如合并单元性能测试、IEC 61850 配置文件测试及通信规范性测试、通信网络性能测试、高级应用功能测试等。

在智能变电站中，数字式保护装置的模拟量采集和 A/D 转换由合并单元来完成，动作出口和对一次断路器的跳合闸操作通过智能终端实现。因此合并单元和智能终端是数字式保护系统的重要组成部分，需要针对合并单元和智能终端开展专项性能测试工作。

另外由于数字式继电保护装置均以网络数字报文方式实现模拟量采集和开关量输入输出，过程层网络实际上相当于常规站中继电保护装置的采样和跳合闸回路，一旦出现问题，就有可能出现保护装置动作，但跳闸报文无法及时传输导致断路器无法及时跳开的情况，所以通信网络的功能和性能决定了继电保护系统运行的可靠性，其地位已经上升到和继电保护及安全自动装置同样的高度，需要开展严格的测试工作。

2. 调试工具的变化

与常规站相比，由于调试对象和调试内容发生了变化，智能变电站调试也相应出现了一批新型的测试设备和工具，如数字化保护测试仪、手持式光数字测试仪、合并单元测试仪、便携式报文记录分析仪等，大大丰富了变电站测试手段。

3. 调试流程的变化

常规站的二次调试一般在现场直接完成，基本不会参与厂家联调。和常规站调试明显不同的是，智能站二次系统调试新增了出厂系统联调环节，如图 1-13 所示。

由于早期的智能变电站二次设备本身不成熟，不同厂家的设备在进行系统集成时经常出现问题，需要各方技术人员进行协调处理，有些问题可能需要厂家研发人员修改配置，甚至升级程序和修改硬件部分，这在现场调试时是无法直接处理的。此外，在工程设计环节，设计院对虚端子回路设计可能存在纰漏，系统集成商经常需要修改 SCD 文件，如果在现场调试中大范围修改 SCD 会影响整个调试进度。综上所述，开展出厂联调是非常必要的。

出厂联调是智能变电站整个调试过程中发现问题、解决问题的重要阶段，在这个阶段，可以进行设备单体测试、专项性能测试和系统集成测试，诸多调试工作的前移可以大大减轻现场调试的工作量。

（1）出厂联调测试内容

智能变电站出厂联调流程见图 1-14。出厂联调测试主要包括 IEC 61850 模型文件测试及通信一致性测试、设备单体测试、二次虚回路测试、分系统功能测试，同时针对智能变电站技术特点，开展通信网络性能测试、全站同步对时测试、保护采样同步性能测试等专项测试，有条件的可以开展全站实时动态闭环仿真测试。

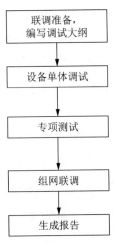

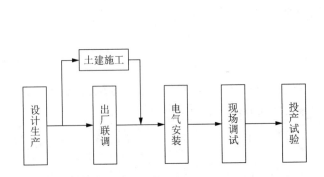

图 1-13　智能变电站工程建设流程　　　　图 1-14　智能变电站出厂联调流程图

（2）现场调试内容

由于单体测试、二次虚回路测试、各种专项测试等测试项目已经在出厂联调中完成，智能变电站现场调试主要在一、二次设备安装完成后，将一、二次设备作为整体，以整组联动方式开展测试，相当于常规站中的整组试验，工作量比常规站大幅减少。

现场调试主要包括全站光缆、网线、电缆接线正确性检查，光功率测试，保护整组传动试验，一次开关遥控试验，全站遥信检查，"五防"连闭锁试验，一次通流通压试验，高级应用试验等。

随着厂家设备越来越成熟，相关的测试规程、规范越来越完善，未来智能变电站二次系统出厂联调可能会简化，最终过渡到和常规变电站相同的调试模式。

4. 对调试人员素质的新要求

智能变电站二次设备数字化、网络化变革对相关从业人员的知识结构和技术素质提出了新要求，需要从业人员能够阅读 IEC 61850 配置文件，能够分析通信报文的格式，具备使用新型测试工具的能力。

智能变电站二次系统信息由模拟量向数字量的转变，给变电站二次系统的设计、调试、运行管理、维护带来巨大变革。例如，对于变电站二次回路的调试，纸质的设计图纸不再是最重要的资料，取而代之的是全站的 SCD 配置文件，智能变电站二次系统的所有调试工作都将围绕该配置文件展开。目前，很多调试人员、检修人员、运维人员对智能变电站的调试方法、调试工具、调试流程以及故障处理等方面理解还不是很清晰。智能变电站调试工作要求调试人员不但要具备扎实的专业知识，同时对计算机和网络知识也必须有一定的掌握。

从专业技术要求来说，调试人员首先要具备较强的电气专业知识，传统变电站调试需要了解的专业知识同样必须掌握，对这些知识的要求并不会因为变电站智能化而降低。其次，调试人员必须清楚整个智能变电站的调试流程，包括前期准备、入厂联调、现场调试、组网系统调试，清楚现场所有设备的功能和作用，清楚设备试验的项目及试验标准，清楚现场试验需要的试验设备仪器以及现场调试中的重点和难点及解决的方法。调试人员要掌握一定的计算机和网络、通信知识，因为二次调试中出现问题时，调试人员经常利用计算机和报文捕获软件对报文进行捕获和分析。

二、调试中的重点和难点

1. 配置文件的测试检查

IEC 61850 配置文件（包括 SCD 文件和各装置 CID 文件）是智能变电站二次系统调试最重要的调试依据和最核心的调试对象。如果配置文件不正确，则二次系统无法正确运行。配置文件的测试和正确性检查非常重要。在现场调试中，调试人员有必要对其进行检查，特别是物理地址（MAC 地址）、虚拟局域网（VLAN）、应用标识（APPID）等重要信息的检查，其难度在于需要使用专业的软件工具进行配置文件的阅读和校验，包括诸如

Altova XML Spy 软件或各厂家的系统配置工具组态软件，以及专用的配置文件测试软件等，调试负责人必须学会使用这些工具软件。

2. 虚端子正确性检查

虚端子反映各个装置之间的信息联系，类似于常规变电站的端子排。如果虚端子不正确则会导致某些 GOOSE、SV 信息出现遗漏或错误，因此必须对其进行检查。虚端子检查的工作量非常大，通常 220 kV 智能变电站的虚端子数量会超过 4 000 个点，很难保证每个虚端子信息都没有被遗漏。建议在系统集成联调开始时，调试人员和系统集成商、设计院'运行人员共同对其进行审查，从源头上把好质量关。否则如果在后面的调试工作中进行修改，会牵一发而动全身，引起相关设备的配置变化，造成重复修改、重复传动。

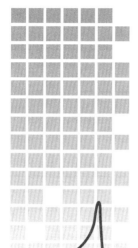

第二章

智能变电站过程层设备

第一节　电子式互感器

一、电子式互感器的额定参数与额定值

1. ECT、EVT 数字输出接口的额定参数与额定值

（1）数字输出额定值

ECT 一次额定电流、EVT 一次额定电压的定义和标准序列与传统互感器基本一致。对经通信接口输出数字量的 ECT、EVT，其数字输出额定值见表 2-1，标准数字均为方均根值。例如一次额定电流为 1 000 A 的 ECT，额定数字量输出为 2D41 H（H 代表十六进制数，对应十进制数 11 585），即表示某时刻一次侧通过电流瞬时值 1 000 A 时，电子式互感器的通信接口输出数字量 2D41 H。

（2）数据速率（$1/T_S$）及其额定值

按 IEC 6004408 的定义，T_S 表示电子式互感器输出数据的传输间隔时间，其倒数即数据速率（$1/T_S$），是指电流电压数据集的每秒传输数量。实际电子式互感器每采样一次（均匀采样）即传输一次，传输间隔时间即采样间隔时间。

在额定频率 f_r 为 50 Hz 或 60 Hz 时，数据速率的额定值为 $80 \times f_r$、$48 \times f_r$ 或 $20 \times f_r$。

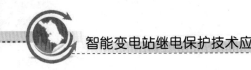
表 2-1　电子式互感器数字输出额定值

量程范围标志	测量用 ECT 的额定值 （比例因子 SCM）	保护用 ECT 的额定值 （比例因子 SCP）	EVT 的额定值 （比例因子 SV）
RangeFlag=0	十六进制 2D41 H （十进制 11 585）	十六进制 01CF H （十进制 463）	十六进制 2D41 H （十进制 11 585）
RangeFlag=1	十六进制 2D41 H （十进制 11 585）	十六进制 00E7 H （十进制 231）	十六进制 2D41 H （十进制 11 585）

注　1. 所列十六进制数值，在数字侧代表额定一次电流（皆为方均根值）。

2. 保护用 ECT 能测量的电流高达 50 倍额定一次电流（0%偏移）或 25 倍额定一次电流（100%偏移），而无任何溢出。测量用 ECT 和 EVT 能测量达 2 倍额定一次值的电量而无任何溢出。

3. 如果互感器的输出是一次电流导数，其动态范围与电流输出的动态范围不同。电流互感器的最大量程与暂态过程的直流分量有关。微分后，此低频分量的幅值减小。因而，例如 RangFlag=0 时，电流导数输出的保护用 ECT 能测量无直流分量（0%偏移）的 50 倍额定一次电流，或全直流分量（100%偏移）的 25 倍额定一次电流。

4. 对保护用 ECT，不发生溢出的一次电流最大可测量值，是设置 RangFlag=1 时的 2 倍。

（3）额定延时时间（t_{dr}）及其标准值

电子式互感器的数字量数据处理和传输需要一定的时间，该时间的额定值定义为额定延时（t_{dr}），其标准值为 $2 \times T_S$ 或 $3 \times T_S$。

如果数据帧仅包含测量用数据，允许更大的延时以获得最佳的滤波效果，但最大不超过 3.3 ms。如果合并单元采用同步脉冲，对所有数据速率下的额定延时皆限定在 0.3～3 ms，因为这种情况下额定延时与互感器的相位误差无关。

2. ECT、EVT 模拟输出接口的额定参数与标准值

（1）ECT 模拟电压输出接口的额定参数与标准值

部分电子式电流互感器保留二次侧模拟输出，一般为电压小信号输出。其额定二次电压（U_{sr}）定义为额定频率时在额定一次电流下的输出二次电压的方均根值，标准值为 22.5 mV、150 mV、200 mV、225 mV、4 V。互感器二次额定负荷的标准值以欧姆表示为 2 kΩ、20 kΩ、2 MΩ，实际总负荷必须大于或等于额定负荷。

（2）EVT 模拟电压输出接口的额定参数与标准值

部分电子式电压互感器保留二次侧模拟输出，其二次电压额定值可采用传统电压互感器的二次额定电压的标准值。

此外，对单相系统或三相系统线间的单相互感器及三相互感器，可采用下列值作为标准值：1.625（6.5/4）V、2 V、3.25（6.5/2）V、4 V、6.5 V。

用于三相系统线对地的单相电压互感器，可采用下列值作为标准值：$1.625 / \sqrt{3}$ V、

2 V、$3.25/\sqrt{3} \text{ V}$、$4/\sqrt{3} \text{ V}$、$6.5/\sqrt{3} \text{ V}$。

要求连接成开口三角形以产生零序电压的端子，其端子间的额定二次电压如下：

① 对三相有效接地系统电网，为 1.625 V、2 V、3.5 V、4 V、6.5 V。

② 对三相非有效接地系统电网，为 $1.625/3 \text{ V}$、$2/3 \text{ V}$、$3.25/3 \text{ V}$、$4/3 \text{ V}$、$6.5/3 \text{ V}$。

3. 唤醒时间与唤醒电流

有些有源电子式电流互感器是由一次电流提供电源的，这种互感器常称为自励源式互感器，其电源的建立需要在一次电流接通后延迟一定时间，此延时称为唤醒时间。在此延时期间，电子式电流互感器的输出为零。激发电子式电流互感器所需的最小一次电流的方均根值，称为唤醒电流。显然，唤醒电流和唤醒时间越小越好。

在额定一次电流下，唤醒时间的标准最大值为 0 ms、1 ms、2 ms、5 ms。在激发时间内，电子式互感器的数字输出为无效，若有模拟输出，应为 0。必须注意，在此延时期间保护继电器不得误动作。唤醒电流的额定值由制造厂规定。

Q/GDW 441—2010《智能变电站继电保护技术规范》要求智能变电站使用的电子式互感器的唤醒时间为 0。

二、保护用电子式电流互感器的准确级

保护用电子式电流互感器的准确级，是以该准确级在额定准确限值一次电流下最大允许复合误差的百分数来标称的，其后标以字母 P（表示保护）或字母 TPE（表示暂态保护电子式互感器准确级）。保护用电子式电流互感器的标准准确级为 5P、10P 和 5TPE。

电子式电流互感器在额定频率下的电流误差、相位差和复合误差，以及规定暂态特性时在规定工作循环下的最大峰值瞬时误差，应不超过表 2-2 所列误差限值。注意表中所列相位差是对额定延时补偿后余下的数值。

表 2-2　误差限值

准确级	在额定一次电流下的电流误差/%	在额定一次电流下的相位差		在额定准确限值一次电流下的复合误差/%	在准确限值条件下的最大峰值瞬时误差/%
		/（′）	/crad		
5TPE	±1	±60	±1.8	5	10
5P	±1	±60	±1.8	5	—
10P	±3	—	—	10	—

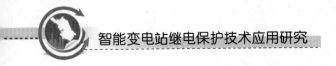
三、电子式互感器的结构与工作原理

（一）有源电子式互感器

各种有源电子式互感器的工作原理不同，主要体现为高压侧传感头的传感原理不同。下面分别介绍几种在智能变电站中应用较多的互感器的结构和传感原理。

1. Rogowski 线圈电流互感器

Rogowski 线圈（又称罗戈夫斯基线圈、罗氏线圈）电流互感器的结构如图 2-1 所示，线圈均匀缠绕在一圆环形非磁性骨架上，被测电流穿过如图所示的圆环。设该圆环半径为 r，骨架截面也为圆形，且其半径为 R，则截面积 $S = \pi R^2$。可以证明，测量线圈所交链的磁链与环形骨架内的被测电流 i_x 存在线性关系。当 $r \gg R$ 时，环形骨架单位长度 $\mathrm{d}L$ 上的小线圈所交链的磁链 $\mathrm{d}\Phi$ 为

$$\mathrm{d}\Phi = \frac{N}{2r\pi} S B_1 \mathrm{d}L \tag{2-1}$$

式中：B_1 为磁感应强度在测量线圈轴线方向的切线分量；N 为线圈匝数。

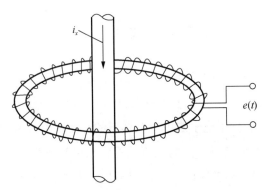

图 2-1 Rogowski 线圈结构示意图

整个空心线圈的小线圈所交链的总磁链为

$$\Phi = \frac{NS}{2r\pi} \oint B_1 \mathrm{d}L = \frac{NS\mu_0}{2r\pi} \oint H \mathrm{d}L \tag{2-2}$$

式中：μ_0 为非磁性骨架的磁导率。

根据全电流定律，磁场强度 H 沿任意封闭轮廓积分等于穿过该封闭轮廓所限定面的电流，即

$$\oint H \mathrm{d}L = i_x \tag{2-3}$$

代入式（2-2），则有

$$\Phi = \frac{NS\mu_0 i_x}{2r\pi}$$

整个线圈的感应电动势为

$$e(t) = \frac{\mathrm{d}\Phi}{\mathrm{d}t} = -\frac{NS\mu_0 \mathrm{d}i_x}{2r\pi\mathrm{d}t}$$

当线圈骨架材料一定，尺寸一定，绕制线圈所用的导线线径一定，且 r、N 均为恒定值时，感应电动势 $e(t)$ 就正比于被测电流 i_x 的微分值。

为求得线圈输出与 i_x 的直接线性关系，可将线圈输出端经一积分器补偿后再输出，如图 2-2 所示。

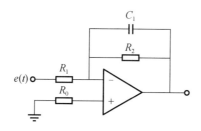

图 2-2　积分器电路原理图

图 2-2 中，C_1 与 R_2 分别为一实际电容器的电容与绝缘电阻的等效值，选择绝缘性能良好的电容器，其等效电阻 R_2 的阻值很大。$e(t)$ 作用在 R_1 上的电流等于在 C_1 及 R_2 上的电流之和，当 R_2 远远大于 C_1 的容抗时，R_2 上电流很小，R_1 与 C_1 上流过的电流近似相等，这样，R_2 对积分器的影响可忽略不计。积分器输出为

$$u(x) = -\frac{1}{R_1 C_1}\int e(t)\mathrm{d}t = \frac{NS\mu_0 i_x}{R_1 C_1 2r\pi}$$

$u(x)$ 与被测电流 i_x 呈线性关系，只要准确地测量 $u(x)$，就可以得出 i_x 值。

线圈输出的电信号被积分后，实现了与一次电流相同的波形输出。这样，线圈与积分器组合，其输出有精确的相位响应。

由于非磁性骨架的磁导率 μ_0 基本为一个常数，罗氏线圈基本上不存在传统电磁式互感器的（铁芯）饱和问题。罗氏线圈测量的是原始信号的微分信号，为获得原始信号增加了积分环节。理论上讲，在一次电流为正弦波形时，互感器的输出也应为正弦波。从现场实测某型罗氏线圈 ECT 来看，波形并非如此，整个波形会向上或向下漂移，似乎叠加了一个低频分量信号。分析其主要原因，是电子式互感器的前置处理模块中的积分环节在抑制零漂环节时产生的过抑制调节所致。此外，罗氏线圈电子式互感器还存在抗电磁干扰能力不强、受环境因素影响大等问题。

2. 低功率电流互感器（LPCT）

LPCT 实际上是一种具有低功率输出特性的电磁式电流互感器，在 IEC 60044-8 中，它被列为电子式电流互感器的一种实现形式。由于 LPCT 的输出一般直接提供给电子电路，所以二次负载比较小；其铁芯一般采用微晶合金等高导磁性材料，不易饱和，在较小的铁芯截面下，就能够满足测量准确度的要求。LPCT 二次回路要并接一阻值较小的电压取样电阻 R_{sh}，该电阻是 LPCT 的一个组成部分，如图 2-3 所示。

图 2-3 中，U_s 为 LPCT 电压输出；I_p 为一次侧电流；R_{sh} 为采样电阻；N_p 为一次绕组匝数；N_s 为二次绕组匝数。

LPCT 输出的是与一次侧电流成正比的电压信号，其表达式为

$$U_s = R_{sh} I_p (N_p / N_s)$$

LPCT 的负载能力较低，要求二次输入阻抗非常高，这导致输出信号抗干扰能力不强。为提高抗干扰能力，其二次输出通常采用特种屏蔽电缆连接到二次设备。

3. 电阻或电阻-电容分压的电压互感器

（1）电阻分压器

电阻式分压器由高压臂电阻 R_1 和低压臂电阻 R_2 组成，如图 2-4 所示。图中 U_1 为高压侧输入电压，U_2 为低压侧输出电压，电压信号在低压侧取出。为防止低压部分出现过电压并保护低压侧设备，在低压电阻上加装一个放电管或稳压管 VS，使其放电电压略小于低压侧允许的最大电压。为了使负载电子线路不影响电阻分压器的分压比，在 U_2 输出至负载电子电路之前加一跟随器。

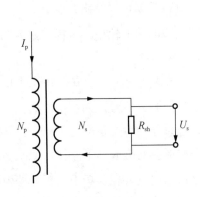

图 2-3 LPCT 结构示意图

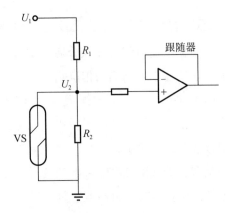

图 2-4 电阻分压器原理

电阻分压器结构简单，不存在铁磁谐振、铁芯饱和等缺点，短路和开路都是允许的，一个分压器可同时满足测量和保护的要求。

由于大地及周围物体与分压器的电场产生相互影响，分压器存在对地杂散电容，而使得沿分压器各处的电流不同，电压分布不均，从而产生幅值误差和相角误差。而分压器高压引线及高压端对分压器本体也存在杂散电容，同样会对分压器产生一定的影响。在高电压下，电阻尺寸显著增加，必须考虑分压器对地和对高压引线的分布电容，因而电阻分压器通常只应用于较低电压等级。

（2）电阻-电容分压器

电阻-电容分压器的原理与传统 CVT 的工作原理类似，主要通过电容器的串并联组合，对高电压进行分压，因此也称为电容分压器。经过多年的发展与应用，技术已较为成熟。

电容分压器的结构如图 2-5 所示。C_1 和 C_2 为电容串并联组合的两组等值电容，$C_2 \gg C_1$，r 为等效电阻。由电路图可得高压侧电压 U_H 与低压侧电压 U_L 之间的关系式为

$$\frac{U_H}{\dfrac{1}{j\omega C_1} + \dfrac{\dfrac{r}{j\omega C_2}}{\dfrac{1}{j\omega C_2} + r}} = \frac{U_L}{\dfrac{\dfrac{r}{j\omega C_2}}{\dfrac{1}{j\omega C_2} + r}}$$

$$U_L = U_H \frac{\omega^2 r^2 C_1 (C_1 + C_2) + j\omega r C_1}{1 + \omega^2 r^2 (C_1 + C_2)^2} = U_H A \angle \beta \tag{2-4}$$

式中，A 为电容分压器的幅值增益系数（即电压变比）；β 为电容分压器的相角增益系数。显然，调整 C_1、C_2 的取值，即可改变增益系数。

电容分压器是一个相位超前环节，引入了一定的相位差。该误差可以通过硬件移相器进行更正，也可以通过软件方式进行补偿。图 2-6 所示为一个模拟硬件移相器电路，电容分压器的输出 U_o 接于该移相器的输入 U_I。

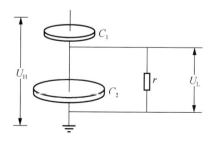

图 2-5　电容分压器结构示意图

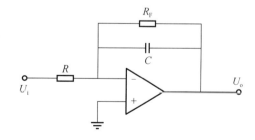

图 2-6　模拟硬件移相器电路

U_o 与 U_I 之间的关系为

$$\frac{U_I}{R} = \frac{-U_o}{R_F} + \frac{-U_o}{\dfrac{1}{j\omega C}}$$

加上移相器后，滞后角度大小为 $\theta = \arctan(\omega R_F C)$。适当选择移相器的元件参数，使 $\theta = \beta$，即可精确地实现电压信号的等相位补偿。

电容分压器置于户外，对于传统的 CVT，较大的温度变化会直接影响电容分压器的分压比，使其不稳定，从而影响测量的准确度。考虑到电子式电压互感器的负载很小，可以从硬件上采用串并联混合结构来减小温度变化的影响，如图 2-7 所示。

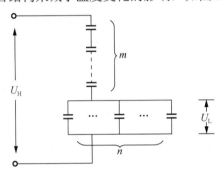

图 2-7　电容分压器串并联混合结构

图 2-7 中，整个分压器由 $m+n$ 个具有相同介质、尺寸、容量及温度系数的电容 C 组成，C_1 为 m 个电容 C 相串联，$C_1 = C/m$；C_2 为 n 个电容 C 相并联，$C_2 = nC$。理想条件下，增益系数为

$$A = \frac{U_L}{U_H} \approx \frac{C_1}{C_1 + C_2} = \frac{1}{mn+1}$$

当受温度影响每个电容变化为 $\Delta C + C$ 时，增益系数为

$$A' = \frac{C_1}{C_1 + C_2} = \frac{\dfrac{1}{m}(C + \Delta C)}{\dfrac{1}{m}(C + \Delta C) + mn(C + \Delta C)} = \frac{1}{mn+1}$$

可见 $A' = A$，也就是说，在理想条件下这种方式基本上可以消除温度影响。但是，由于实际的工艺和制造水平很难制造出参数完全相同的电容，所以该结构依然存在温度误差。因此可以考虑用软件方法来补偿温度误差，即测量系统中引入一个温度传感器，将系统温度作为一个重要参数与电压信号进行信息融合，消除温度变化的影响。

4. 有源电子式互感器高压侧供能方法

有源电子式互感器的传感头部分采用传统的传感原理，仅利用光纤传输电子式互感器的输出数据。由于在高压侧有对传感头的输出信号进行采集和模数转换的电子电路，因而也就带来了对电子电路的电源供能问题。供能问题是有源式互感器的难点和关键技术。目前已提出多种供能方法，不少方法已投入工程运行，但仍然存在不足。

典型的有源式 ECT 的基本原理如图 2-8 所示，它分为高压侧电路、低压侧电路以及光纤传输 3 个模块。其中，高压侧电路的作用是对传感头的输出信号进行采集和模数转换，并经光纤通信接口发送出来。而低压侧电路的作用则是将光纤传送下来的信号进行处理，并将结果送入相应的测量与继电保护设备。可见，为了确保高压侧电子电路的正常工作，必须提供稳定、可靠的工作电源。

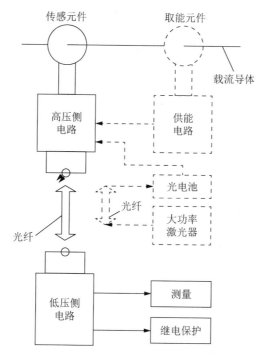

图 2-8　有源电子式电流互感器基本原理示意图

图 2-8 中的虚线给出了几种可能的供电方式，这里采用虚线的目的是说明可能的供电方式有多种。而在实际应用中通常是在多种方式中选取某一种或两种组合。

目前常用的供能方式主要有利用电流互感器从一次载流导体上取电能、利用电容分压器从一次高压导体上取电能、激光供能等。

（1）利用 TA 从一次载流导体上取电能

利用 TA 从一次载流导体上取电能的典型电路如图 2-9 所示。其基本工作原理是利用特制 TA 从一次载流导体上感应出电流，通过整流、滤波、稳压等后续电路处理后，提供给高压侧电子电路所必需的电源。采用这种方法面临两个问题：① 当一次侧空载或电流很小时，如何保证电源的正常供应；② 当一次电流超过额定电流，特别是流过短路故障大电流时，如何给予电源板足够的保护。为了解决这两个问题，可采取多种措施：① 选择性能良好的铁芯材料构造特制 TA；② 设计相应的控制保护电路，在过电压防护、能量泄放电路、电磁兼容设计等方面采取措施，确保在一次电流变化较大，特别是出现大电流的情况下，能够有稳定可靠的电源输出。

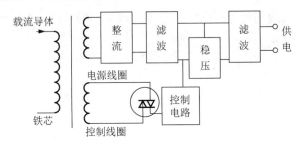

图 2-9　利用 TA 从一次载流导体上取电能的典型电路示意图

目前采用这种自励源供能技术的电子式互感器，其唤醒电流可降至 0.4～0.6 A 及以下；唤醒时间可缩短至 5 ms 以内，但对保护而言仍较长。Q/GDW 441—2010《智能变电站继电保护技术规范》要求智能变电站使用的电子式互感器的唤醒时间应为 0，因此单独采用这种供能方式不能满足唤醒时间为 0 的要求。

（2）利用电容分压器从一次侧高压导体上取电能

利用高压电容分压器取电能的思想类似于 TA 取电能，都是就近取材的想法。其基本电路如图 2-10 所示。高压电容分压器从一次侧高压导体上取得电能后，也要经整流、滤波、稳压等处理措施，才能给高压侧电路供能。通过调整电容 C 的大小来获取不同的电流输出，从而达到设计的功率要求。采用该方法面临着比 TA 取电能更大的困难：① 要保证取能电路和后续工作电路之间的电气隔离，则要求有更为严格的过电压防护和电磁兼容设计；② 这种方法有着更多的误差来源，温度、杂散电容等多种因素都会影响性能，电源的稳定性和可靠性比 TA 取电能方法要差；③ 采用这种方法得到的功率有限，虽然可以通过改变电容 C 的大小来调整功率输出，但过大的电容将会带来更多的问题。

（3）激光供能

激光供能的基本原理如图 2-11 所示，该方法采用激光或其他光源从低压侧通过光纤将光能量传送到高压侧，再由光电转换器件（光电池）将光能量转换为电能量，经过 DC/DC 变换后提供稳定的电源输出。由于激光二极管的工作原理可以确保光功率在一定温度条件下的稳定，所以通过光电池转换后得到的电源也相对比较稳定，且电源的纹波也比较小，噪声低，不易受到外界其他因素的干扰。传输能量的光纤和传输数据的光纤各自独立，前者数目可根据要求灵活选取。这种方法也存在不足，由于受激光输出功率的限制，特别是光电池转换效率的影响，该方法提供的能量有限，因此对高压侧电路提出了微功耗设计的要求，加大了电路设计的难度。另外激光功能器件的寿命、成本和可靠性也是一个问题。

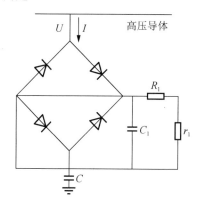

图 2-10　电容分压器取电能基本电路示意图

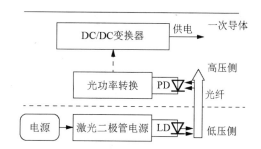

图 2-11　激光供能方法的基本原理示意图

相比其他供能方式，该方法的整体效益较为突出，因而得到了最广泛的应用。

实际产品中，有源电子式互感器可采用多种供能方式的组合，如激光供能与自励源供能协同配合供电，线路有电流时由取能 TA 供电，无电流时由激光供电。

（二）无源电子式互感器

无源电子式互感器的传感头部分采用光学传感原理，并通过光纤将信号传送到低电位侧。由于传感器输出信号本身就是随着被测量变化的光信号，不存在设计高压侧电子电路的问题，相应也不存在为高压侧提供电源问题。

（三）全光纤电流互感器的结构与工作原理

无源电子式电流互感器的工作原理主要为法拉第磁光效应。按传感机理和传感头具体结构，可分为全光纤型（FOCT）和光学玻璃型等，以下介绍 FOCT。

某型全光纤电子式电流互感器的原理如图 2-12 所示。光源发出的连续光经过耦合器到达偏振器后被转化为线偏振光，以 45°角进入相位调制器，分解为两束正交的线偏振光，沿光纤的两个轴（X 轴和 Y 轴）传播。在相位调制器上施加合适的调制算法，两束正交的线偏振光的相位会发生预期的改变。随后两束受到调制的光波进入光纤线圈，在电流产生的磁场作用下，产生正比于载体电流的相位角。经反射镜反射后两束光波返回到相位调制器，到达偏振器后发生干涉，干涉光信号经过耦合器进入光电探测器，探测器输出的电压信号被信号处理电路接收并运算，运算结果通过数字接口输出。当一次侧没有电流时，两束光信号的相位差为零，信号处理电路输出也为零；当一次侧有电流通过时，两束光信号存在一个相位差，通过对相位差进行解调，可得到被测电流的数值并输出。

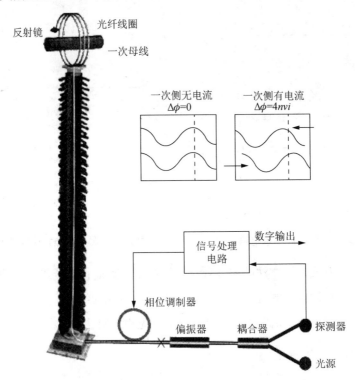

图 2-12　某型全光纤电子式电流互感器原理示意图

此电流检测方案的优点如下：

（1）采用"全对称"的互易光路设计。"互易"是指两束光波走过的是同一条路径。通过一个反射镜可以使两束光波在同一条路径上严格"同步"，这就是"全对称"光路，可以大大降低温度、振动对光路的影响，使得光路稳定性提高。

（2）可以利用自动控制、滤波等算法，通过数字处理系统对相位调制器进行负反馈闭环控制，保证整个系统的工作点稳定，从而实现了高的灵敏度以及在大测量范围内的精度。

（3）可以通过软件增加多个附加控制模块来抑制由于光电器件随时间老化而带来的误差，提高系统的长期稳定性和工作寿命。

由于偏振光的偏转角 θ 不能被直接测量，可采用检偏器将其转化为光强信号再转换成电压信号测量。根据马吕斯定律，当线偏振光通过法拉第材料和检偏器后，输出调制光强

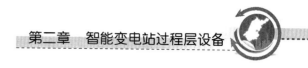

与输入光强关系为

$$P = P_0 \cos^2 \phi = P_0 \cos^2(\theta + \gamma) \tag{2-5}$$

式中，P_0 为入射线偏振光的光强；ϕ 为入射光偏振面与检偏器透光轴方向之间的夹角；γ 为起偏器和检偏器透光轴方向之间的夹角。

由式（2-5）知，$\left.\dfrac{\mathrm{d}P}{\mathrm{d}\theta}\right|_{\theta=0} = P_0 \sin 2\gamma$。可见在 $\theta = 0$ 附近，当 $\gamma = \dfrac{\pi}{4}$ 时，P 对 θ 的变化具有最高的灵敏度，而且线性度好。这时式（2-5）变为

$$P = P_0 \cos^2 \phi = P_0 \cos^2(\theta + \gamma) = P_0 \cos^2\left(\theta + \frac{\pi}{4}\right) = \frac{1}{2} P_0 (1 - \sin 2\theta) \tag{2-6}$$

其中交流分量为

$$P_{AC} = \frac{1}{2} P_0 \sin 2\theta$$

直流分量为

$$P_{DC} = \frac{1}{2} P_0$$

可采用滤波电路分别检出交流分量和直流分量。

为消除输入光强波动的影响，取调制量 $g = \dfrac{P_{AC}}{P_{DC}} = \sin 2\theta$，当 θ 很小时

$$g = \frac{P_{AC}}{P_{DC}} = \sin 2\theta \approx 2\theta \propto i$$

即 g 值正比于被测电流值，故可测得电流为

$$i = kg = k\frac{P_{AC}}{P_{DC}}$$

式中，k 为比例系数。

与传统电磁式电流互感器相比，FOCT 的绝缘结构简单、绝缘性能好、动态范围大、频率响应范围宽。FOCT 一次侧与二次侧之间通过绝缘性能很好的光缆连接，使其绝缘结构大大简化，也不存在电磁式电流互感器二次开路带来的安全隐患。实际应用中，电压等级越高，其优势越明显。FOCT 闭环系统传递函数是一阶惯性环节，是完全线性的，其 3 dB 带宽达 10 kHz，可以准确地进行电网暂态电流、高频大电流与直流的测量。

与磁光玻璃式 OCT（光学电流传感器）不同，FOCT 传感光线环制作是在非磁性金属骨架上绕制光纤，制作柔性强，加工方便。其质量也很轻，仅数千克，适用于传统的绝缘支柱式、悬挂式应用，还可方便地组合到 GIS 设备中，由此可减少变电站占地面积和工程费用。

FOCT 技术的关键和主要难点如下：

（1）光纤电流传感器中圆偏振光的产生与保持。1/4 波片是一种产生圆偏振光的有效

技术，但 1/4 波片的相位延迟误差和温度稳定性将影响传感器的性能，因此 1/4 波片的研制最为关键。此外还需要掌握圆偏振光的保持技术，研制出低双折射的圆偏振保持光纤。

（2）光源的驱动与控制、光信号的调制与解调、探测器的信号接收与调理等方法。

（3）保偏耦合器和相位调制器的技术处理。

目前，FOCT 在实际工程中已经有较多的应用，也暴露出一些问题，具体如下：

（1）造价较高。在保护要求 ECT 每相电流输出双 A/D 采样值时，FOCT 必须采用两套完整的测量系统，成本增加尤为明显。

（2）测量小电流时输出波形的白噪声较大。

（3）光纤互感器在外界温度、压力、振动变化时，测量精度会有所变化。

（4）长期运行稳定性有待进一步考验。

（四）磁光玻璃型电流互感器的结构与工作原理

磁光玻璃型电流互感器的传感头依据法拉第磁光效应，将线偏振光的偏振面角度变化信息转变为光强变化信息，然后通过光电探测器将光信号转变为电信号进行放大处理，以反映最初的电流信息。这种传感器"传光"用光纤，"传感"用块状光学材料。依传感头结构不同，又可分为闭合式和集磁环式两种。其中闭合式块状玻璃型 OCT 精度和实用化程度较高，其系统构成如图 2-13 所示，结构原理如图 2-14 所示。

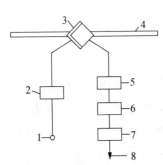

图 2-13　磁光玻璃型 OCT 系统构成　　　　图 2-14　磁光玻璃型 OCT 结构原理

1——激光器；2——起偏器；3——块状磁光材料；
4——一次载流导体；5——检偏器；6——光电探测器；
7——放大器；8——输出

图 2-13 中，激光器 1 发出的激光通过光纤从控制室传输到 OCT 安装地点高压区，经起偏器 2 输出的偏振光射向磁光材料 3，经磁光材料反射后，偏振面已有所偏转的偏振光射入检偏器 5，检偏器将角度信息转变为光强信息，经光纤传输回控制室后，再由光电探测器 6 将光信号转变为电信号，经放大器 7 放大后输出并滤波，经电子电路处理后得到被

测电流值。

块状磁光材料传感头的结构有平面多边形、四角形、三角形、环形和开口形等多种。

可用于制造传感头的材料包括抗磁性材料、顺磁性材料和铁磁性材料三种。普遍采用属于抗磁性材料的重火石玻璃，理由如下：

（1）火石玻璃的维尔德常数在一个较大的温度范围内基本不变；在被测电流很大时，也不会发生信号饱和及波形畸变。

（2）某些火石玻璃的光弹性系数小，当传感头受到应力时，在传感材料内引起的线性折射很小，因而对测量的影响很小。

（3）由于它是一种玻璃材料，因而可以被加工成较大尺寸以及各种结构的传感头。

与全光纤型光学电流传感器相比，磁光玻璃型电流传感器的主要优势如下：

（1）光学玻璃材料的选择范围比光纤要宽得多。各种具有高维尔德常数的光学玻璃均可用来制作传感元件。

（2）光学玻璃中的残余双折射极小，双折射对光线偏振面的作用几乎可以忽略不计。

（3）光学玻璃制作的传感元件中光束经过反射而形成的环形光路不存在线性双折射，避免了光纤电流传感器中的灵敏度减小及漂移等问题。

但是磁光玻璃型存在加工难度大、传感头易碎、成本高、传光光纤与传感玻璃之间的粘合点可靠性较差等缺点，而且在光反射过程中不可避免地引入反射相移，使两两正交的线偏光变成椭圆偏振光，从而影响系统的性能。为克服反射相移的影响，提出了各种保偏方法，但整体效果还不是很理想。

（五）普克尔斯电光效应电压互感器

根据电光晶体（如 BGO）中通光方向与外加电场（电压）方向的不同，基于普克尔斯（Pockels）效应的光学电压互感器（OVT）可分为横向调制型光学电压互感器和纵向调制型光学电压互感器，如图 2-15 所示。图中 E 表示外加电场方向，L 表示通光方向。

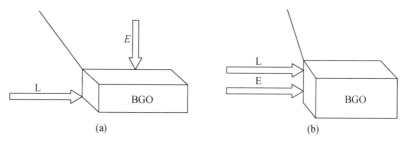

图 2-15　Pockels 电光效应 OVT 的两种测量原理
（a）横向调制型；　（b）纵向调制型

（1）横向调制型光学电压互感器

横向调制型光学电压互感器中，光经起偏器后为一线偏振光，在外加电压作用下，线偏振光经电光晶体后发生双折射，双折射两光束的相位差 δ 与外加电压 u 有如下关系

$$\delta = \frac{2\pi}{\lambda} n_0^3 \gamma \frac{l}{d} u = \frac{\pi}{U_\pi} u \qquad (2\text{-}7)$$

其中
$$U_\pi = \frac{\lambda d}{2 n_0^3 \gamma l}$$

式中，n_0 为 BGO 的折射率；γ 为 BGO 的电光系数；l 为 BGO 中光路长度；d 为施加电压方向的 BGO 厚度；λ 为入射光波长。

U_π 称为晶体的半波电压，是指为使由 Pockels 效应引起的双折射两光束产生 π（180°）相位差所需的外加电压。

由式（2-7）可知，相位差 δ 与外加电压 u 成正比，测出相位差即可求得被测电压。横向调制型 OVT 结构简单、造价低，但是晶体尺寸受温度的影响而变化，从而影响互感器的稳定性。此外，外电场和电极间电场分布对互感器也有影响。

（2）纵向调制型光学电压互感器

当外加电场平行于光的传输方向时，如图 2-15（b）所示，称为纵向调制型。光经过晶体后在出射面上产生的相位差为

$$\delta = \frac{2\pi}{\lambda} n_0^3 \gamma u = \frac{\pi}{U_\pi'} u \qquad (2\text{-}8)$$

式中，U_π' 为纵向调制的半波电压。

$$U_\pi' = \frac{\lambda}{2 n_0^3 \gamma}$$

纵向调制型的半波电压 U_π' 与晶体的尺寸无关，测量结果不受晶体热胀冷缩的影响，仅决定于晶体的光学特性，这是它与横向调制型的不同之处。

Pockels 效应电压互感器的输出通过测量光相位差实现。但在现有的技术条件下，直接对光的相位变化进行精确测量是相当困难的，通常采用偏振光干涉法将相位差测量转化为光强度测量。相关分析表明，检偏器出射的光强 P 与两偏振光间相位差 δ 的关系可表示为

$$P = P_0 \sin^2 \frac{\delta}{2} \qquad (2\text{-}9)$$

式中，P_0 为入射光经起偏器后的光强。

式（2-9）表明干涉光强与相位差的关系是非线性的，为了获得线性响应，可以在晶体和检偏器之间增加一个 1/4 波片，如图 2-16 所示。

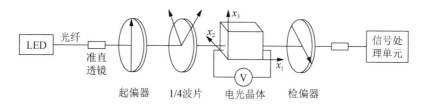

图 2-16　Pockels 效应 OVT 工作原理示意图

1/4 波片可以使两束线偏振光之间的相位差增加 $\pi/2$，此时输出的干涉光强为

$$P = P_0 \sin^2\left(\frac{\pi}{4} + \frac{\delta}{2}\right) = \frac{1}{2}P_0(1 + \sin\delta)$$

当 δ 很小，即 u 远小于 $U_\pi'(U_\pi)$ 时，$\delta \approx \sin\delta$。可以得到线性响应

$$P = \frac{1}{2}P_0(1 + \delta) = \frac{1}{2}P_0\left(1 + \pi\frac{u}{U_\pi'}\right)$$

由此可知，通过测量干涉光强就可得到被测电压值。干涉光强可利用光电变换及信号处理电路测量。

利用横向 Pockels 效应制作 OVT 相对简单、方便，但是横向 Pockels 效应受相邻相的电场以及其他干扰电场的影响较大。纵向 Pockels 效应实现了对直接施加于晶体两端电压的测量，测量时不受相邻相的电场或其他干扰电场的影响，这是其最突出的优点。但由于线偏光沿与外加电场 E 平行的方向入射处于此电场中的电光晶体，因此，要求电极既透明让光束通过，又导电以施加外加电场，这给实际制作 OVT 带来较大的困难。

无论横向还是纵向 Pockels 效应的 OVT，核心部件都是电光晶体。电光晶体除具有电光效应外，同时还具有弹光效应、热电效应，这些干扰效应直接影响 OVT 的稳定性；并且这种 OVT 需要由聚焦透镜、起偏器、检偏器、波片或转角棱镜、电光晶体等光学部件组合粘接而成，光学器件的加工和粘接工艺比较复杂，光学系统的封装很困难，不利于大规模生产；同时由于光学部件材料在安装、运输等过程中易损坏，给现场安装、运行和调试带来了困难。

（六）逆压电效应电压互感器

一种基于逆压电效应的光学电压互感器（OVT）如图 2-17 所示。在圆柱体石英晶体表面紧密缠绕多匝双模椭圆芯传感光纤，在 x 轴方向上对石英晶体施加交变被测电压，则在 y 轴方向上将会产生交变的压电应变，从而使圆柱石英晶体的周长发生变化。这个压电形变由缠绕在石英晶体表面的光纤感知，反映为光纤的两种空间模式（LP01 和 LP11）在传播中形成的光学相位差 $\Delta\varphi$，该相位差正比于被测电压，即有

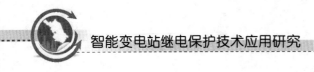

$$\Delta\varphi = \frac{-\pi N d_{11} E_x l}{\Delta l_{2\pi}} \qquad (2-10)$$

式中，N 为光纤的匝数；$\Delta l_{2\pi}$ 为产生 2π 相位差的光纤长度变化量；E_x 为沿 x 方向的电场强度；d_{11} 为压电系数；l 为光纤长度。

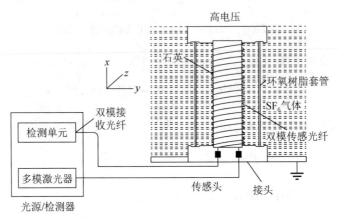

图 2-17　基于逆压电效应的 OVT 工作原理图

$\Delta\varphi$ 正比于被测电场或电压，只要测出 $\Delta\varphi$ 就可以得到被测电场或电压。通过间接测量法（如相关干涉法）测出这个相位差，就可求出被测电压。这就是基于逆压电效应的全光纤光学电压互感器测量系统的基本工作原理。

基于逆压电效应的 OVT 不需要电光晶体，可避免若干不利光学效应对传感信号的干扰。这种 OVT 不需要偏振器、波片、准直透镜等分立光学元件，光学系统简单，避免了粘接工艺的困难，简化了制作工艺，而且成本较低。传感光纤中两种模式的相位差是电场的积分，不会对附近的相位差产生影响。如果要测量三相电压，可以把 3 个 OVT 放到同一个套管内而彼此之间不会产生影响。同时由于石英晶体具有高绝缘强度、低介电常数，且压电常数和介电常数受温度的影响很小，因此系统的抗干扰能力大大增强。

基于逆压电效应的 OVT（全光纤 OVT）由于具有以上诸多优点，发展前景比较广阔。

四、电子式互感器在智能变电站中的应用

电子式互感器按安装结构可分为封闭式气体绝缘组合电器式（GIS）和独立式。电子式电流互感器和电压互感器也可以做成一体，称为电子式电流电压互感器（ECVT）。这种互感器的电流变换原理、电压变换原理与分体式的完全相同，优点在于集成度高、结构紧凑、综合造价低，在需要同时配置 ECT、EVT 的电气间隔中优势明显。

有源或无源电子式互感器的应用，大大降低了占地面积，减少了传统互感器的二次电缆连线，是互感器的发展方向。但当前阶段，总体而言技术还不太成熟。

有源电子式互感器的关键技术在于电源供电技术、远端模块（高压部分接于传感头的包含数据采集单元、电源及其他电子电路的设备）的可靠性、采集单元的可维护性。GIS式电子式互感器直接接入变电站直流电源，不需要额外供电，采集单元安装在与大地紧密相连的接地壳上。这种方式抗干扰能力强，更换维护方便，采集单元异常处理不需要一次系统停电。而对于独立式电子式互感器，在高压平台上的电源及远端模块长期工作在高低温频繁交替的恶劣环境中，其使用寿命远不如安装在主控室或保护小室的保护测控装置，对其的使用和维护还需要积累实际工程经验。另外，当电源或远端模块发生异常需要维护或更换时，需要一次系统停电处理。

无源式电子式互感器的关键在于光学传感材料的稳定性、传感头的组装技术、微弱信号调制解调、温度对精度的影响、振动对精度的影响和长期运行的稳定性。但由于无源电子式互感器的电子电路部分均安装在主控室或保护小室，运行条件优越，更换维护方便，因此成为独立安装的互感器的理想解决方案。

全光纤型电流互感器目前已在工程中逐步得到应用，但环境温度、振动等外界因素对互感器的影响还需要在实际工程中验证，互感器还缺乏长期运行的考验，其稳定性、可靠性还有待进一步验证。光学电压互感器在智能变电站工程中应用很少，电子式电压互感器的应用目前还是以基于分压原理的有源式为主。

五、继电保护对电子式互感器的要求

1. 配置原则

（1）双重化（或双套）配置保护所采用的电子式电流互感器一、二次转换器及合并单元应双重化（或双套）配置。

（2）对 3/2 接线形式，其线路 EVT 应置于线路侧。

（3）母线差动保护、变压器差动保护、高压电抗器差动保护用电子式电流互感器的相关特性宜相同。

2. 技术要求

（1）电子式互感器内应由两路独立的采样系统进行采集，每路采样系统应采用双 A/D 系统接入 MU，每个 MU 输出两路数字采样值由同一路通道进入一套保护装置，以满足双重化保护相互完全独立的要求。具体要求如下：

① 罗氏线圈电子式互感器：每套 ECT 内应配置两个保护用传感组件，每个传感组件由两路独立的采样系统进行采集（双 A/D 系统），两路采样系统数据通过同一通道输出至 MU，见图 2-18。

② 磁光玻璃型电子式互感器：每套 OCT/OVT 内应配置两个保护用传感组件，由两路独立的采样系统进行采集（双 A/D 系统），两路采样系统数据通过同一通道输出至 MU，见图 2-19。

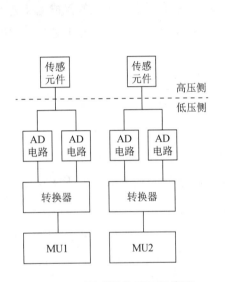

图 2-18　罗氏线圈 ECT 示意图

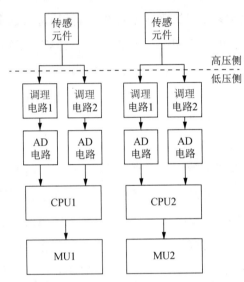

图 2-19　磁光玻璃互感器（OCT/OVT）示意图

③ 全光纤电流互感器：每套 FOCT 内宜配置四个保护用传感组件，由四路独立的采样系统进行采集（单 A/D 系统），每两路采样系统数据通过各自通道输出至同一 MU，见图 2-20。

④ 每套 EVT 内应由两路独立的采样系统进行采集（双 A/D 系统），两路采样系统数据通过同一通道输出数据至 MU，见图 2-21。

⑤ 每个 MU 对应一个传感组件（对应 FOCT 宜为两个传感组件），每个 MU 输出两路数字采样值由同一路通道进入对应的保护装置。

⑥ 每套 ECVT 内应同时满足上述要求。

电子式互感器每路采样系统应采用双 A/D 系统的目的在于：每套保护的启动元件与保护元件同时动作保护装置才会出口跳闸。保护的启动元件与动作元件所用数据要求由不同的 ADC 采样，主要是防止一路采样出现错误数据而导致误动作。这一条要求源于传统保护采样环节容易出问题这一经验。

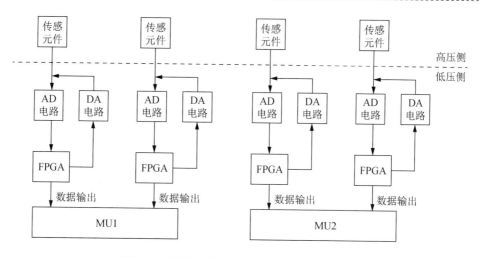

图 2-20　全光纤电流互感器（FOCT）示意图

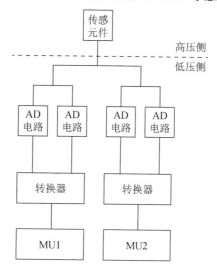

图 2-21　电子式电压互感器 EVT 示意图

（2）电子式互感器（含 MU）应能真实地反映一次电流或电压，额定延时时间不大于
2 ms，唤醒时间为 0。电子式电流互感器的额定延时不大于 $2T_s$（2 个采样周期，采样频率
4 000 Hz 时 T_s 为 250 μs），其复合误差应满足 5P 级或 5TPE 级要求；电子式电压互感器的
复合误差不大于 3P 级要求。

（3）用于双重化保护的电子式互感器，其两个采样系统应由不同的电源供电并与相应
保护装置使用同一组直流电源。

（4）电子式互感器采样数据的品质标志应实时反映自检状态，不应附加任何延时或
展宽。

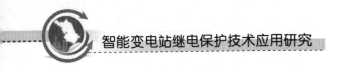
第二节 合 并 单 元

一、合并单元的接口标准

（一）合并单元的外部接口

合并单元（MU）本身是电子式互感器的一部分或者一个附件，同时它与互感器本体又有相对独立性。另外，工程中有相当数量的传统互感器通过模拟式 MU 转换为数字量输出，在这种应用中，MU 是完全独立的设备。因此，从合并单元的角度看，接入的互感器可能是电子式互感器、传统互感器或两者的组合。

接入 MU 的电子式互感器可能有多种类型。但实际上，MU 与互感器的接口是以互感器产品与厂家规约为接口对象的，不是以互感器的不同原理分类，见图 2-22。电子式互感器接入 MU 的信号，通常为光纤串口传送的数字量信号，协议视不同的厂家而定，目前并无统一标准。国家电网公司企业标准《智能变电站继电保护通用技术条件》中，推荐采用 IEC 60044-8 标准中采用 FT3 帧格式的同步串行接口。

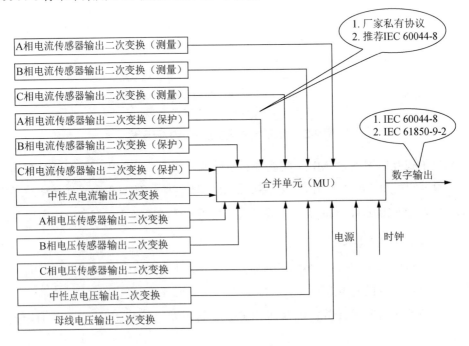

图 2-22　合并单元的外部接口

有的电子式互感器输出量为模拟量小信号，使用特种屏蔽电缆及专用接口送给 MU，如低功率半常规互感器（LPCT/LPVT）。一款实用的 MU 应该有能力适应小信号接入。但小信号互感器技术性能和经济性都不高，在用户中认可度也不高，继电保护也不推荐使用。

传统互感器接入 MU 的电流、电压模拟量信号没有特殊之处，电流额定值为 1 A 或 5 A，电压额定值为 57.74 V（相）或 100 V（线），经二次电缆接入。

MU 的数字量输出接口，先后出现过四种接口标准。最早是在 IEC 60044-8《电子式电流互感器》技术标准中发布的采用 IEC 60870-5-1 中 FT3 链路帧格式的同步串行接口，还有一种是采用 IEC 61850-9-1 所述的以太网。这两种接口标准的物理层、链路层不同，但应用层相同。

2010 年，国家电网公司发布企业标准 Q/GDW 441—2010《智能变电站继电保护技术规范》，对 IEC 60044-8 的 FT3 帧格式同步串行接口及 1EC 61850-9-2 两种接口协议分别做了扩展和补充规定，现在的智能变电站中 MU 的输出接口就采用 Q/GDW 441—2010 中规定的这两种形式：① 支持通道可配置的扩展 IEC 60044-8 协议帧格式，简称 IEC 60044-8 扩展协议接口；② IEC 61850-9-2 标准接口。以下分别介绍这两种接口标准。

（二）IEC 60044-8 扩展协议接口

1. 物理层与链路层帧格式

IEC 60044-8 串行通信光波长范围为 820～860 nm（一般为 850 nm），光缆类型为 62.5/125 μm 多模光纤，光纤接口类型为 ST/ST。

IEC 60044-8 中的链路层选定为 IEC 60870-5-1 的 FT3 帧格式。通用帧的标准传输速度为 10 Mb/s（数据时钟），采用曼彻斯特编码，首先传输 msb（最高位），最后传最低位（lsb）。链接服务类别为 S1：SEND/NO REPLY（发送/不回答）。这实际上反映了互感器连续和周期性地传输其数值并不需要二次设备的任何认可或应答。链路的传输细则如下：

（1）空闲状态是二进制 1。两帧之间按曼彻斯特编码连续传输此值 1，是为了使接收器的时钟容易同步，由此提高通信链接的可靠性。两帧之间应传输最少 20 个空闲位。

（2）帧的最初 2 个 8 位字节代表起始符。

（3）16 个 8 位字节用户数据由 1 个 16 bit 循环冗余码（CRC）校验码结束。需要时帧应填满缓冲字节，以到达要求的字节数。

（4）CRC 校验码由下列多项式生成：$X16 + X13 + X12 + X11 + X10 + X8 + X6 + X5 + X2 + 1$。生成的 16 bit 校验码需按位取反。

（5）接收方应检验信号品质、起始符、各校验码和帧长度。

FT3 帧格式中包括起始符数据块和数据块 1～4 见表 2-3。

表 2-3　IEC 60044-8 链路层扩展 FT3 帧格式

字节	数据块	bit7	bit6	bit5	bit4	bit3	bit2	bit1	bit0
字节 1	起始符	0	0	0	0	0	1	0	1
字节 2		0	1	1	0	0	1	0	0
字节 3 ⋮ 字节 20	数据块 1				～数据块 1（16 个字节）～				
	CRC	msb		数据块 1 的 CRC 码（2 字节）					lsb
字节 21 ⋮ 字节 38	数据块 2				～数据块 2（16 个字节）～				
	CRC	msb		数据块 2 的 CRC 码（2 字节）					lsb
字节 39 ⋮ 字节 56	数据块 3				～数据块 3（16 个字节）～				
	CRC	msb		数据块 3 的 CRC 码（2 字节）					lsb
字节 57 ⋮ 字节 74	数据块 4				～数据块 4（16 个字节）～				
	CRC	msb		数据块 4 的 CRC 码（2 字节）					lsb

　　起始符为 2 个字节 16 bit，从上到下，从左向右发送，光纤接口上的码流从先到后依次为 0000 0101 0110 0100。起始符的作用是标定一帧数据的开始，在连续发送的帧之前做出分界。接下来 4 个数据块，每个数据块 18 个字节，其中前 16 个为要传送的数据，后 2 个为前 16 字节数据的 CRC 检验码。下面逐一介绍每个数据块的具体内容。

　　2. 数据块 1 的具体内容（见表 2-4）

　　（1）数据集长度：长度字段包括后随数据集的长度。长度用 8 位字节给出，按无标题（长度和数据群）数据集的长度计算。标准长度是 62（十进制）。

　　（2）逻辑节点名（LNName）：标准定义的值为 02。

　　（3）数据集名（DataSetName）：它是识别数据集结构的一个独定数，即数据通道分配。其允许值为 01 和 FE H（十进制 254）。DataSetName=01 对应为标准通道映射。由于扩展协议中通道映射为可配置，不是标准通道映射，所以 DataSetName=FE H（十进制 254）。

　　（4）逻辑设备名（LDName）：它是用在变电站中识别数据集信号源的一个独定数。LDName 是可设定参数，工程实施中，每个合并单元对应一个逻辑设备名（无符号 16 位整数）。需要接收多个合并单元的保护装置，可根据逻辑设备名识别数据来源。

　　（5）额定相电流（PhsA.Artg）：一次值，以安培（A，方均根值）数给出。

　　（6）额定中性点电流（Neut.Artg）：一次值，以安培（A，方均根值）数给出。

（7）额定相电压和额定中性点电压：一次值，额定电压以 $1/(\sqrt{3}\times10)$ 千伏（kV，方均根值）数给出。额定相电压和额定中性点电压皆乘以 10 进行传输，以避免造成舍位误差。

（8）额定延迟时间：电子式互感器的额定延迟时间以微秒（μs）数给出。

（9）样本计数器（SmpCnt）：顺序计数，每进行一次新的模拟量采样，该 16 bit 计数器加 1。采用同步脉冲进行各合并单元同步时，样本计数应随每一个同步脉冲出现而置零。在没有外部同步的情况下，样本计数器根据采样率进行自行翻转，如在每秒 4 000 点的采样速率下，样本计数器范围为 0～3 999。

表 2-4　FT3 帧格式中的数据块 1

字节	字段	bit7	bit6	bit5	bit4	bit3	bit2	bit1	bit0
字节 1	前导	msb			数据集长度（=62）				
字节 2									lsb
字节 3	数据集	msb			LNName（逻辑节点名=02）				lsb
字节 4		msb			DataSetName（数据集名）				lsb
字节 5		msb			LDName（逻辑设备中）				
字节 6									lsb
字节 7		msb			额定相电流（PhsA.Artg）				
字节 8									lsb
字节 9		msb			额定中性点电流（Neut.Artg）				
字节 10									lsb
字节 11		msb			额定相电压（额定中性点电压）（PhsA.Vrtg）				
字节 12									lsb
字节 13		msb			额定延迟时间（tdr）				
字节 14									lsb
字节 15		msb			样本计数器（SmpCnt）				
字节 16									lsb

3. 数据块 2～4 的具体内容（分别见表 2-5～表 2-7）

数据通道 DataChannel#1～DataChannel#22 是各采样数据通道测得的实时值。对测量值的数据通道分配，可以通过合并单元采样发送数据集灵活配置。数字量输出额定值和比例因子见表 2-1。保护三相电流参考值为额定相电流，比例因子为 SCP。中性点电流参考值为额定中性点电流，比例因子为 SCP。测量三相电流参考值为额定相电流，比例因子为 SCM。电压参考值为额定相电压，比例因子为 SV。

表 2-5 FT3 帧格式中的数据块 2

字节	字段	bit7	bit6	bit5	bit4	bit3	bit2	bit1	bit0
字节 1	数据集	msb			采样通道 1 数据				
字节 2					（DataChannel#1）				lsb
字节 3		msb			采样通道 2 数据				
字节 4					（DataChannel#2）				lsb
字节 5		msb			采样通道 3 数据				
字节 6					（DataChannel#3）				lsb
字节 7		msb			采样通道 4 数据				
字节 8					（DataChannel#4）				lsb
字节 9		msb			采样通道 5 数据				
字节 10					（DataChannel#5）				lsb
字节 11		msb			采样通道 6 数据				
字节 12					（DataChannel#6）				lsb
字节 13		msb			采样通道 7 数据				
字节 14					（DataChannel#7）				lsb
字节 15		msb			采样通道 8 数据				
字节 16					（DataChannel#8）				lsb

表 2-6 FT3 帧格式中的数据块 3

字节	字段	bit7	bit6	bit5	bit4	bit3	bit2	bit1	bit0
字节 1	数据集	msb			采样通道 9 数据				
字节 2					（DataChannel#9）				lsb
字节 3		msb			采样通道 10 数据				
字节 4					（DataChannel#10）				lsb
字节 5		msb			采样通道 11 数据				
字节 6					（DataChannel#11）				lsb
字节 7		msb			采样通道 12 数据				
字节 8					（DataChannel#12）				lsb
字节 9		msb			采样通道 13 数据				
字节 10					（DataChannel#13）				lsb
字节 11		msb			采样通道 14 数据				
字节 12					（DataChannel#14）				lsb
字节 13		msb			采样通道 15 数据				
字节 14					（DataChannel#15）				lsb
字节 15		msb			采样通道 16 数据				
字节 16					（DataChannel#16）				lsb

表 2-7　FT3 帧格式中的数据块 4

字节	字段	bit7	bit6	bit5	bit4	bit3	bit2	bit1	bit0
字节 1		msb			采样通道 17 数据				
字节 2					（DataChannel#17）				lsb
字节 3		msb			采样通道 18 数据				
字节 4					（DataChannel#18）				lsb
字节 5		msb			采样通道 18 数据				
字节 6					（DataChannel#18）				lsb
字节 7		msb			采样通道 20 数据				
字节 8	数据集				（DataChannel#20）				lsb
字节 9		msb			采样通道 21 数据				
字节 10					（DataChannel#21）				lsb
字节 11		msb			采样通道 22 数据				
字节 12					（DataChannel#22）				lsb
字节 13		msb			状态字 1				
字节 14					（StatusWord#1）				lsb
字节 15		msb			状态字 2				
字节 16					（StatusWord#2）				lsb

数据块 4 中包含 2 个状态字（StatusWord#1 和 StatusWord#2），用于标明采样值数据的品质状态和互感器本体及合并单元自身的工作状态。状态字 StatusWord#1 和 StatusWord#2 的说明见表 2-8 和表 2-9。

（1）如果 1 个或多个数据通道不使用，应将状态字中相应通道的状态标志位设置为无效，同时相应通道的数据填入 0000H。

（2）如果互感器有故障，相应的状态标志应设置为无效，并应设置要求维修标志（LPHD.PHHealth）。

（3）如为预防性维修，所有配置信号皆有效，可以设置要求维修标志（LPHD. PHHealth）。

（4）运行状态标志（LLNO.Modc）为 0 时表示止常运行，为 1 时表示检修试验状态。

（5）当因在唤醒时间期间而数据无效时，应设置无效标志和唤醒时间指示的标志。

（6）在"同步脉冲消逝或无效"并且"合并单元内部时钟漂移超过其相位误差额定限值的一半"时，应将状态字 1 中的 bit4 设置为 1，表明同步脉冲消逝或无效。

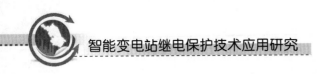

表 2-8　状态字#1（StatusWord#1）

比特位	说明		注释
bit0	要求维修 （LPHD.PHHealth）	0——良好； 1——警告或报警（要求维修）	用于设备状态检修
bit1	LLNO.Mode	0——接通（正常运行）； 1——试验	检修标志位 test
bit2	唤醒时间指示/唤醒时间 （数据的有效性）	0——接通（正常运行），数据有效； 1——唤醒时间，数据无效	在唤醒时间期间应设置
bit3	合并单元的同步方法	0——数据集不采用插值法； 1——数据集适用于插值法	
bit4	对同步的各合并单元	0——样本同步； 1——时间同步消逝/无效	如合并单元用插值法也要设置
bit5	对 DataChannel#1	0——有效；1——无效	
bit6	对 DataChannel#2	0——有效；1——无效	
bit7	对 DataChannel#3	0——有效；1——无效	
bit8	对 DataChannel#4	0——有效；1——无效	
bit9	对 DataChannel#5	0——有效；1——无效	
bit10	对 DataChannel#6	0——有效；1——无效	
bit11	对 DataChannel#7	0——有效；1——无效	
bit12	电流互感器输出类型 $i(t)$ 或 di/dt	0——$i(t)$；1——di/dt	对空心线圈应设置
bit13	RangeFlag	0——比例因子 SCP=01CF H； 1——比例因子 SCP=00E7 H	对比例因子 SCM 和 SV 不起作用
bit14	供将来使用		
bit15	供将来使用		

表 2-9　状态字#2（StatusWord#2）

比特位	说明	
bit0	对 DataChannel#8	0——有效；1——无效
bit1	对 DataChannel#9	0——有效；1——无效
bit2	对 DataChannel#10	0——有效；1——无效
bit3	对 DataChannel#11	0——有效；1——无效
bit4	对 DataChannel#12	0——有效；1——无效
bit5	对 DataChannel#13	0——有效；1——无效
bit6	对 DataChannel#14	0——有效；1——无效
bit7	对 DataChannel#15	0——有效；1——无效

续表

比特位	说明	
bit8	对 DataChannel#16	0——有效；1——无效
bit9	对 DataChannel#17	0——有效；1——无效
bit10	对 DataChannel#18	0——有效；1——无效
bit11	对 DataChannel#19	0——有效；1——无效
bit12	对 DataChannel#20	0——有效；1——无效
bit13	对 DataChannel#21	0——有效；1——无效
bit14	对 DataChannel#22	0——有效；1——无效
bit15	供将来使用	

（三）可配置的采样通道映射

采样值帧中数据通道 DataChannel#1～DataChannel#22 和合并单元实际信号源的映射关系，保护装置和合并单元的采样通道连接关系，都是可灵活配置的。合并单元的 22 个采样通道的含义和次序由合并单元 ICD 模型文件中的采样发送数据集决定。DataChannel#1 对应采样发送数据集中的第一个数据，以此类推，采样发送数据集中的数据个数不应超过最大数据通道数 22。对于未使用的采样通道，相应的状态标志应设置为无效，相应的数据通道应填入 0000 H。

IEC 61850 标准没有规定采样的访问点和逻辑设备的名称细节，考虑工程实施的规范性，合并单元的访问点定义为 M1，合并单元 LD 的 inst 名为 MU。

采样帧中的数据集长度、LNName、DataSetName、额定相电流、额定中性点电流、额定相电压、SmpCnt（样本计数器）以及两个状态字，不需建立模型对象，由采样值程序根据工程设置的参数填充到采样帧。采样帧中的逻辑设备名（LDName）和 22 个采样数据通道，工程实施时有灵活配置的需求，需建立模型对象。工程实施具体配置方法如下：

（1）合并单元应在 ICD 文件中预先定义采样值访问点 M1，并配置采样值发送数据集。

（2）采样值输出数据集应支持 DA 方式，数据集的 FCDA 中包含每个采样值的 instMag.i。

（3）合并单元装置应在 ICD 文件的采样值数据集中预先配置满足工程需要的采样值输出，采样值发送数据集的一个 FCDA 成员就是一个采样值输出虚端子。为了避免误选含义相近的信号，进行采样值逻辑连线配置时，应从合并单元采样值发送数据集中选取信号。

（4）保护装置应在 ICD 文件中预先定义采样值访问点 M1，并配置采样值输入逻辑节点。采样值输入定义采用虚端子的概念，一个 TCTR 的 Amp 信号或 TVTR 的 Vol 信号就是一个采样值输入虚端子。保护装置根据应用需要定义全部的采样值输入。通过逻辑节点中 Amp 或者 Vol 的描述和 dU，可以确切描述该采样值输入信号的含义，作为与合并单元采样值逻辑连线的依据。

（5）系统配置工具在合并单元的采样值输出虚端子（采样值发送数据集的 FCDA）和保护装置的采样值输入虚端子（一个 Amp 或 Vol 信号）间做逻辑连线，逻辑连线关系保存在保护装置的 Inputs 部分。

（6）保护装置的 Inputs 部分定义了该装置输入的采样值连线，每一个采样值连线包含了装置内部输入虚端子信号和外部合并单元的输出信号信息，虚端子与每个外部输出采样值为一一对应关系。ExtRef 中的 IntAddr 描述了内部输入采样值的引用地址，引用地址的格式为"LD/LN.DO.DA"。

（四）IEC 61850-9-2 标准接口

（1）物理层：考虑到电磁环境的要求，IEC 61850-9-2 推荐采用 100 Mb/s 传送速率的光纤以太网接口、ST 型光纤接口连接器，符合 ISO/IEC 8802.3 中 100Base-FX 光纤传输系统标准要求。

（2）采样值通用帧结构：用于采样值的 ISO/IEC 8802.3 以太网通用帧结构见表 2-10。

表 2-10 用于采样值的 ISO/IEC 8802.3 通用帧结构

字节	字段	bit							
		7	6	5	4	3	2	1	0
0									
1									
2		前同步码							
3		（1、0 交替，7 个字节）							
4									
5									
⋮									
⋮		帧起始（0xAB）							
0									
1		目的地址							
2		0x 010C CD04 0000							
3	MAC 首部	┃							
4		0x 010C CD04 01FF							
5									
6		源地址							

续表

字节	字段	bit							
		7	6	5	4	3	2	1	0
7									
8									
9									
10									
11									
12	优先级标记				TPID (=0x8100)				
13									
14					TCI (=0x8000)				
15									
16					以太网类型 (=0x88BA)				
17									
18	以太网类型 PDU				APPID (0x4000-0x7FFF)				
19									
20					长度 (8+m)				
21									
22					保留 1				
23									
24					保留 2				
25									
26					APDU（共 m 字节）（m<1 492）				
⋮									
1 517					必要时的填充字节				
1 518									
1 519					帧校验码				
1 520									
1 521									

　　利用以太网通用帧传送采样值数据，就像用货船载货，船上有集装箱，集装箱里有大木箱，大木箱里有若干小木箱，小木箱才是我们要的货物——采样值数据。货船、集装箱、大木箱、小木箱都有自己的标签，每种标签的标识方法有专门的规定。在这个比喻中，以太网通用帧相当于货船，下文提到的 PDU（协议数据单元）相当于集装箱，APDU（应用协议数据单元）相当于大木箱，ASDU（应用服务数据单元）相当于小木箱，各个采样值数据相当于小木箱里的货物。它们对应的标签一般都包括类型、长度等。

下面对该帧结构包含具体内容做进一步的解释。

（3）多播/单播传送的目标地址：MU 通过光纤以太网传输采样值，应采用唯一的 ISO/IEC 8802.3 源地址，并需配置 ISO/IEC 8802.3 多播/单播传送的目标地址。标准使用的 6 字节多播地址具有如下结构：

① 前 3 个字节由 IEEE 分配为 01-OC-CD。

② 第 4 个字节为 04（对于多播采样值）。顺便指出，对于 GOOSE，第 4 个字节为 01；对于 GSSE，第 4 个字节为 02。

③ 最后 2 个字节用作与设备有关的地址，其取值范围为 00-00～01-FF。

因此，采样值多播地址范围为 01-0C-CD-04-00-00～01-0C-CD-04-01-FF，共 512 个。

（4）通用帧中优先级/虚拟局域网标记字段的结构。用于采样值的 IEC 61850-9-2 标准接口采用带优先级标记的 VLAN 虚拟局域网通用帧结构，如图 2-23 所示。优先级标记符合 IEEE 802.1Q 标准要求。

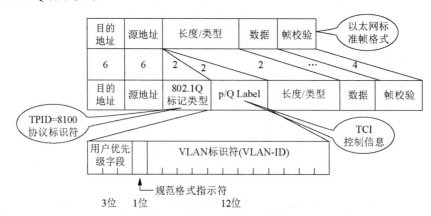

图 2-23　IEC 61850-9-2 标准采用的以太网 VALN 帧格式

VLAN 标记字段的长度是 4 字节，插入在以太网标准 MAC 帧的源地址字段和长度/类型字段之间。4 字节标记字段的结构见表 2-11。

表 2-11　VALN 帧中优先级/VLAN 标记字段的结构

字节		bit8	bit7	bit6	bit5	bit4	bit3	bit2	bit1
1	TPID				0x8100				
2									
3	TCI	User priority			CFI	VID			
4		VID							

VLAN 标记的前 2 个字节和标准 MAC 帧中的长度/类型字段的作用一样，但它总是设置为 0x8100（这个数值大于 0x0600，因此不是代表长度），称为 IEEE 802.1Q 标记类型或协议标识符（TPID）。当数据链路层检测到 MAC 帧的源地址字段后面的长度/类型字段的值是 0x8100 时，就知道现在插入了 4 字节的 VLAN 标记，于是就接着检查后面 2 个字节的内容。后面 2 个字节中，前 3 位是用户优先级字段（User priority），接着的 1 位是规范格式指示符（CFI），最后的 12 位是虚拟局域网标识符（VID）。

① User priority：用以区分采样值和低优先级的总线报文。高优先级帧应设置为 4～7，低优先级帧则为 1～3。优先级 1 为未标记的帧。应避免采用优先级 0，因为这会引起不可预见的传输延时。如果不配置优先级，则采用缺省值 4。

② CFI：若值为 1，则表明在 ISO/IEC 8802.3 标记帧中，Length/Type 字段后接着内嵌的路由信息域，否则应置 0。在 IEC 61850-9-2 标准中，此值应设为 0。

③ VID：虚拟网支持功能是可选的，如果采用这种机制，应设定虚拟网标识（VID）。它唯一地标志了这个以太网帧是属于哪一个 VLAN。采样值虚拟网标识（VID）的缺省值为 0。

由于用于 VLAN 的以太网帧的首部增加了上述 4 个字节，因此以太网的最大长度从原来的 1 518 字节（1 500 字节的数据加上 18 字节的首部）变为 1 522 字节。

（5）PDU（协议数据单元）：IEC 61850 标准的制定单位已在 IEEE 授权登记机构注册了传送采样值的 ISO/IEC 8802.3MAC 子层的以太网类型码。为采样值分配的以太网类型码为 88-BA，应用标识（APPID）类型为 01。采样值缓冲应直接映射到所保留的以太网类型码和相应的以太网 PDU。

① APPID：用以选择采样值信息和区分应用关联。APPID 的值是 APPID 类型码和实际标识的组合，APPID 类型码被定义为其最高 2 位。为采样值保留的标识范围是 0x4000～0x7fff。如果没有配置 APPID，缺省值应为 0x4000。缺省值保留用于表明缺少配置。在同一系统内，应采用唯一的、面向数据源的采样值应用标识（SV APPID）。

② Length：包括以 APPID 开始的以太网类型 PDU 在内的 8 位位组的数目。

③ Reserved 1/2：为将来标准化应用保留，缺省值设置为 0。

（6）APDU（应用协议数据单元）：SV 报文的 APDU 格式见表 2-12。

（7）ASDU（应用服务数据单元）：若干个 ASDU（应用服务数据单元）连接成一个 APDU。一个 APDU 中的 ASDU 的数目是可以配置的，并与采样速率有关。为降低实现的复杂性，ASDU 的连接不是动态可变的。当把若干个 ASDU 连接成一帧时，包含最早的采样值的 ASDU 是帧中的第 1 个 ASDU。

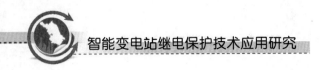
表 2-12　SV 报文的 APDU 格式

说明	报文内容
APDU 数据类型与长度	类型=60H
	长度
ASDU 数目	类型=80H
	长度=01
	ASDU 数目
ASDU 数据类型与长度	类型=A2H
	长度
ASDU（1）类型与长度	类型=30H
	长度
SVID 字符串	类型=80H
	长度≤34
	SVID 字符串
DatSet 字符串，可选	类型=81H
	长度≤19
	DatSet 字符串
样本计数器，INT16U	类型=82H
	长度=2
	SmpCnt
配置版本号，INT32U	类型=83H
	长度=4
	ConfRev
刷新时间，可选	类型=84H
	长度=6
	RefrTm
同步标志 smpSynch，BOOLEAN	类型=85H
	长度=1
	Sync
采样率，INT16U，可选	类型=86H
	长度=2
	SmpRate
采样值类型与长度	类型=87H
	长度

续表

说明	报文内容
通道 1	数据（4 字节）（额定延时）
	q（4 字节）
通道 2	数据（4 字节）
	q（4 字节）
⋮	⋮
通道 n	数据（4 字节）
	q（4 字节）
ASDU（n）	⋮

（8）ASDU 中的数据：ASDU（1）中包括 SVID 字符串、DatSet 字符串（可选）、样本计数器、配置版本号、刷新时间（可选）、同步标志、采样率（可选）、采样值类型与长度、各通道采样数据及其属性等。需要注意的是，按国家电网公司企业标准《智能变电站继电保护通用技术条件》的规定：

① 对保护交流额定电流，数字量 0x01 表示 1 mA。

② 对交流额定电压，数字量 0x01 表示 10 mV。

这一点与采用 IEC 60044-8 扩展协议帧格式时不同。

每个通道采样值数据都包含有 4 字节共 32 位的 q 属性，见表 2-13。

表 2-13　SV 数据的 q 属性

bit7	bit6	bit5	bit4	bit3	bit2	bit1～bit0	
细化品质						有效性	
旧数据	故障	抖动	坏基准值	超值域	溢出	0=好；1=无效；2=保留；3=可疑	
bit15	bit14	bit13	bit12	bit11	bit10	bit9	bit8
未用	未用	未用	操作员闭锁	测试	源	细化品质	
						不精确	不一致

注：bit13～bit31 未用。

IEC 61850-9-2 点对点传输采样值时，合并单元可不接同步脉冲，采样数据帧中需传输电子式互感器的额定延迟时间数值。而 IEC 61850-9-2 的 APDU 帧格式中，没有额定延迟时间的属性定义。因此，需处理在 IEC 61850-9-2 采样数据帧中传输额定延迟时间问题。综合各种因素，额定延迟时间配置在采样发送数据集中，推荐配置在数据集的第 1 个通道，其单位为微秒（μs）。

（9）采样值数据信息与传输服务模型：关于此部分内容，请参考 IEC 61850-9-2 标准文本以及 Q/GDW 396《IEC61850 工程继电保护应用模型》。

二、继电保护对合并单元的配置要求与技术要求

（1）每个 MU 应能满足最多 12 个输入通道和至少 8 个输出端口的要求。

（2）MU 应能支持 IEC 60044-8（GB/T 20840.8）、IEC 61850-9-2（DL/T 860.92）等的协议。当 MU 采用 IEC 60044-8 协议时，应支持数据帧通道可配置功能。

（3）MU 应输出电子式互感器整体的采样响应延时。

（4）MU 采样值发送间隔离散值应小于 10 μs。

（5）MU 应能提供点对点和组网输出接口。

（6）MU 输出应能支持多种采样频率，用于保护、测控的输出接口的采样频率宜为 4 000 Hz。

（7）若电子式互感器由 MU 提供电源，MU 应具备对激光器的监视以及取能回路的监视能力。

（8）MU 输出采样数据的品质标志应实时反映自检状态，不应附加任何延时或展宽。

（9）对传统互感器通过 MU 数字化的采样方式，MU 的相关技术要求参照电子式互感器执行。

三、合并单元装置设计与实现

MU 接入的互感器种类繁多，接口形式多样，数量不一，输出接口形式与数量也不统一，工程应用中的差异较大，造成装置设计不易标准化。合并单元装置设计与实现的难点在于理清应用需求，提出可灵活适应各种需求的型号规划与设计方案。

（一）应用需求分析

1. MU 与互感器的接口要求

（1）与电子式互感器接口

下面以 MU 与某具体型号的全光纤电流互感器（FOCT）和光学电压互感器（OVT）接口为例进行说明。

该型全光纤电流互感器与光学电压互感器为分体式结构，各有自己的二次变换器（远端模块）及输出接口。电流互感器通常三相接入一个远端模块，通过远端模块的同一个串

口输出三相采样值，也有一相互感器接入一个远端模块由串口输出单相采样值的形式；对电压互感器，只有单相输出一种。因此，间隔 MU 要接入三相电压互感器与三相电流互感器最多需要 6 个串口（电压、电流每相 1 个），最少需要 4 个串口（电压每相 1 个，电流 3 相合 1 个）。6 组接口也可以满足母线电压 MU 接入 3 段单相母线电压或两段 3 相电压的要求。

该型 OCT 互感器每个远端模块需要 MU 提供一个同步采样脉冲接口，间隔 MU 最多要能够提供 6 个同步采样脉冲接口。不是所有型号的电子式互感器都需要 MU 提供同步采样信号，实际上 OCT 也可以取消对同步采样脉冲的要求。

MU 与 FOC/OCT 接口协议按互感器产品串行接口协议实施。

（2）与传统互感器（或小信号互感器）接口

接传统互感器的 MU 最大需要接入 12 路模拟量，电压、电流种类可组合，电流额定值为 1 A 或 5 A 可选，三相电压额定值为 57.74 V，母线或线路单相抽取电压为 57.74 V 或 100 V 可选。注意，用于变压器间隔的零序电压的测量范围可能达 180 V 以上，变压器 6～66 kV 不接地系统的相电压可能长时间工作于 100 V。小信号互感器接入的情形与传统互感器类似。

应用情况统计分析见表 2-14。

表 2-14　MU 与传统互感器（或小信号互感器）接口应用情况统计

输入类型	最大输入口数量		输入口组合情况	应用场合
传统 TA/TV 输入（或小信号互感器输入）	方案 1	12 路 （5U+7I）	U_a，U_b，U_c，$3U_0$，U_m； I_a，I_b，I_c，$3I_0$； I_{am}，I_{bm}，I_{cm}	3/2 接线形式的线路/变压器间隔 MU（线路 3 相 TV，母线单相 TV）
	方案 2	5 路 （5U）	U_a，U_b，U_c，$3U_0$，U_m	3/2 接线形式的线路/变压器间隔电压 MU（线路 3 相 TV，母线单相 TV）
		7 路（7I）	I_a，I_b，I_c，$3I_0$； I_{am}，I_{bm}，I_{cm}	3/2 接线形式的断路器电流 MU（按断路器配置 TA 及其 MU）
	方案 3	11 路 （9I）	I_a，I_b，I_c，（$3I_0$）（TPY）； I_a，I_b，I_c，（$3I_0$）（5P）； I_{am}，I_{bm}，I_{cm}	3/2 接线形式的断路器电流 MU，TPY 与 5P 互感器各 1 组（按断路器配置 TA 及其 MU）
	12 路（5U+7I）		U_{am}，U_{bm}，U_{cm}，$3U_0$，U_x； I_a，I_b，I_c，$3I_0$； I_{am}，I_{bm}，I_{cm}	单/双母线接线形式的线路间隔 MU（母线 3 相 TV，线路单相 TV）

续表

输入类型	最大输入口数量	输入口组合情况	应用场合
传统 TA/TV 输入（或小信号互感器输入）	12 路（4U+8I）	U_{am}，U_{bm}，U_{cm}，$3U_0$； I_a，I_b，I_c，$3I_0$，$3I_0-jx$； I_{am}，I_{bm}，I_{cm}	单/双母线接线形式的变压器间隔高、中压侧 MU（母线 3 相 TV）
	3 路（3I）	I_a，I_b，I_c	自耦变压器公共绕组电流 MU
	7 路电流	I_{a-1}，I_{b-1}，I_{c-1}； I_{a-2}，I_{b-2}，I_{c-2}； $3I_0$（中性点零序电流）	高压电抗器电流 MU
	4 路电压	U_a，U_b，U_c，$3U_0$	单母线接线形式的母线电压 MU（母线 3 相 TV）
	8 路电压	U_{a-1}，U_{b-1}，U_{c-1}，$3U_{0-1}$； U_{a-2}，U_{b-2}，U_{c-2}，$3U_{0-2}$	单母线分段、双母线接线形式的母线电压 MU，含 TV 并列功能（母线 3 相 TV）
	12 路电压	U_{a-1}，U_{b-1}，U_{c-1}，$3U_{0-1}$； U_{a-2}，U_{b-2}，U_{c-2}，$3U_{0-2}$； U_{a-3}，U_{b-3}，U_{c-3}，$3U_{0-3}$	单母线三分段、双母线单分段接线形式的母线电压 MU，含 TV 并列功能（母线 3 相 TV）

（3）电子式互感器与传统互感器混合接入

考虑 OVT 产品成熟度和工程因素，MU 设计时仍然需要考虑电流互感器用 ECT，而电压测量仍然用传统 TV 的情况。应用需求统计与表 2-14 类似，只是其中的三相保护电流和三相测量电流可用同一组三相 ECT 代替，零序与间隙零序电流互感器也可以用一相 FOCT 代替。由此，MU 需要将传统电流输入端更换为相应数量的光纤数字量接口。

2. 采样值输出与状态量输入接口要求

用于各出线、变压器等间隔的电流、电压 MU 采样值输出与状态量输入接口类型与数量统计见表 2-15，母线电压 MU 采样值输出与状态量输入接口类型与数量统计见表 2-16。

表 2-15　间隔 MU 采样值输出与状态量输入接口类型与数量统计

组合模式	IEC 60044-8 直采输出接口	IEC 61850-9-2 协议接口	GOOSE 接口	备　注
1	最大 8 个	1（组网）	0	（1）直采接口需求数量最多的为 3/2 接线的中断路器电流 MU：1#线路保护、2#线路保护、边 1 短引线保护、边 2 短引线保护、1#线路高压电抗器保护、2#线路高压电抗器保护、中断路器保护、安稳装置，共 8 个。 （2）IEC 61850-9-2 网口供测控、录波。 （3）IEC 61850-9-2 网口的采样值发送间隔时间离散值可不做特殊处理

续表

组合模式	IEC 60044-8 直采输出接口	IEC 61850-9-2 协议接口	GOOSE 接口	备 注
2	最多 10 个	0	0	（1）适用于测控、录波也直采的方式。 （2）保护测控一体化时，网口仅供录波用，建议此时录波也用直采接口
3		9（8 直采+1 组网）		（1）8 个直采网口+1 个组网网口。 （2）9 网口可采用相同的设计，使采样值发送间隔时间离散值都小于 10 μs
最终设计	8	1（组网）	1	（1）可涵盖绝大部分应用情况。 （2）间隔 MU 的 GOOSE 备用，以满足电压切换在各间隔 MU 中完成的特殊要求

表 2-16　母线电压 MU 的采样值输出与状态量输入接口类型与数量统计

组合模式	IEC 60044-8 直采输出接口	IEC 61850-9-2 协议接口	GOOSE 接口	备 注
1	最大 24 个	1（组网）	1	
2	0	1 组网+24 直采	1	
最终设计	24	1（组网）	1/2	（1）IEC 61850-9-2 网口的采样值发送间隔时间离散值可不做特殊处理。 （2）母线 MU 需要 GOOSE 接口获取最多 2 个分段/母联位置信号以完成电压并列功能。若点对点连接，则可靠性增加

3. 对时要求

MU 对时接口的形式可能有三种，即 1PPS 或 1PPM 对时接口、IRIG-B 码同步对时接口和在 IEC 61850-9-2 组网网口上完成 IEEE 1588（IEC 61588）协议对时功能。这三种对时接口不会在一台装置中同时出现。设计方案也可暂不实施 IEC 61588，预留其可能性。

关于对时接口，建议 MU 应具备一定数量的 1PPS 光纤输出接口，向各保护装置转发由外部输入的或自产的 1PPS 信号。该 1PPS 供保护装置的 MU 接口时钟与 MU 的时钟同步，由此保护装置有条件实时测量出 MU 与保护装置之间的传送延时。应用中要求间隔 MU 有 2 个 1PPS 输出接口，分别给线路差动保护和母差保护，保护装置则按 MU 接口数量分别配置 1PPS 输入接口（最多 3 个）。

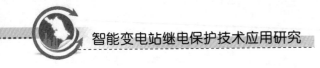

4. 光功率输出单元

按与具体类型电子式互感器（如基于罗氏线圈原理的）配合的要求，MU 可以以激光供能的形式为电子式互感器高压端采集器提供工作电源。

5. 人机交互

MU 装置的人机交互需求与其他二次设备基本相同，一般包括液晶显示器、键盘、LED 指示灯等。也应具备计算机调试接口，可以通过计算机软件与装置进行人机交互。

MU 装置放置在室外时，可以（最好）没有液晶屏幕，当装置异常或需要操作显示时可以使用模拟液晶软件。

6. 安装要求

装置的机械电气结构应能适应多种安装方式，包括：① 常规标准机柜在控制室或继保小室安装；② 室内现场经智能控制柜就地安装；③ 室外现场经智能控制柜就地安装；④ 远景可能要求在室外直接就地安装。对每种安装方式，应采用相应的安装与防护措施。

7. 调试接口与软件调试工具

调试接口可单独设计，也可以复用网络接口。装置应有配套的使用方便的软件调试工具。

（二）装置设计方案

1. MU 装置功能与型号划分

为尽可能满足不同的应用需求，方便工程应用，同时尽量减少装置差异化开发的工作量，可将 MU 装置分成 2 大类 4 个型号：一类为电子式互感器输入的 MU，包括间隔电流、电压 MU 和母线电压 MU 两个型号，电子式互感器与传统互感器混合接入的 MU 也划归在这一类中；另一类为传统互感器接入的 MU，也包括间隔电流、电压 MU 和母线电压 MU 两个型号，这两个型号装置的模拟量输入部分也可以替换为小信号输入，工程中遇到时此类需求时可以方便开发。

2. MU 装置硬件接口统计

四种型号的 MU 输入/输出接口及主要功能范围见表 2-17。

表 2-17　四种型号 MU 的输入/输出接口及主要功能范围

输入/输出接口或功能项	电子式互感器接入或混合接入		传统互感器或小信号互感器接入	
	间隔电流、电压 MU	母线电压 MU	间隔电流、电压 MU	母线电压 MU
传统（或小信号）互感器输入接口	最多 6 通道（4 电压，2 电流）	0	最多 12 通道，电压、电流可任意组合	最多 12 通道（3 段母线 4 相电压）
电子式互感器接口（光纤异步串口）	最多 6 个，混合输入的一般 1 个	最多 3 个（3 段母线单相电压）		
母线电压 MU 的转接输入口	1 个，IEC 60044-8 协议/可选 IEC 61850-9-2 协议	0	0	0
同步采样脉冲接口（光纤口）	最多 6 个	最多 3 个	0	0
1PPS 光接口	1 个，与 B 码 2 选 1	1 个，与 B 码 2 选 1	1 个，与 B 码 2 选 1	1 个，与 B 码 2 选 1
B 码对时光接口	1 个，与 1PPS2 选 1	1 个，与 1PPS2 选 1	1 个，与 1PPS2 选 1	1 个，与 1PPS2 选 1
1PPS 输出接口	最多 2 个	0	最多 2 个	0
IEC60044-8（扩展）协议直采输出接口	最多 8 个	最多 24，以 8 为模数	最多 8 个	最多 24，以 8 为模数
9-2 协议直采接口（选项，替代上一行）	最多 8 个	最多 24，以 8 为模数	最多 8 个	最多 24，以 8 为模数
9-2 协议组网接口	1	1	1	1
GOOSE 接口	0	1/2	0	1/2
硬触点开入	6 个（用 5 个）	6	6 个（用 5 个）	6
硬触点输出	6 BJJ、BSJ	6 BJJ、BSJ	6 BJJ、BSJ	6 BJJ、BSJ
液晶、键盘可取消	是	是	是	是
LED 灯	8	8	8	8
调试接口	1	1	1	1
光功率输出单元	0（预留插件位置）	0（预留插件位置）	0（预留插件位置）	0（预留插件位置）
电压切换功能	无，具备增加条件		无，具备增加条件	
电压并列功能		有		有

按 Q/GDW 441—2010《智能变电站继电保护技术规范》的要求，电子式互感器每路采样系统应采用双 A/D 系统接入 MU，每个 MU 输出两路数字采样值由同一路通道进入一套保护装置，以满足双重化保护相互完全独立的要求。接电子式互感器的 MU 应与互感器本体配合，以满足该项要求。

对传统互感器接入的 MU，保护电流的采样应冗余配置。同一路电流同时接到两路模拟通道，两路模拟通道具有相同的增益，以及相互独立的运放、模数转换器和电压基准等元件。两路模拟信号分别经不同的 AD 采样，合并单元实时比较两路保护电流的瞬时采样值，若两路电流差的绝对值小于某个设定值，则表示采样正常，反之则表示保护电流采样异常，置当前采样值无效标志。若两路保护电流差的绝对值连续多次越限，则置工作异常标志（通信帧中的状态字比特位）。

3. 装置机箱结构设计

装置采用 6U 或 4U 高度标准机箱，嵌入式安装于 800 mm（宽）×600 mm（深）普通机柜或智能控制柜上。装置适应室内或室外智能控制柜安装，适当考虑为远景直接就地安装提供技术储备。所有型号装置，液晶与键盘面板均可不配置，代之以空面板，需要操作时经接口连接计算机通过模拟液晶软件实现。

装置防护等级为 IP40。其他硬件性能指标参照保护装置的最高等级及相关标准要求设计。

4. 装置软件功能设计

（1）电压、电流的合并功能：各款装置软件完成电压、电流的采集、同步、合并以及必要的数字滤波功能。在数据重采样前先对采样值进行抗混叠数字滤波处理。设计的滤波算法应具备较好的幅频和相频特性，并经过软件仿真和实测数据验证。

（2）重采样：重采样元件应能方便地得到所需采样率的数据采样值。

（3）数据采样率：合并单元以 IEC 60044-8 扩展协议发送数据时采样率为 4 000 点/s（80 点/工频周期）；以 IEC 61850-9-2 通信协议发送数据时采样率也为 4 000 点/s。

（4）通用数据帧：合并单元可选择配 IEC 60044-8 扩展协议或 IEC 61850-9-2 标准协议发送数据帧给保护、测控等装置。通用数据帧包括保护和测量两种数据。最多包含 22 个通道数据。双 AD 采集的保护电流和电压占用不同的通道。通用数据帧的定义应符合 Q/GDW 441—2010《智能变电站继电保护技术规范》的要求。

（5）自检措施：为了保证合并单元及互感器的远端模块能够长期安全可靠地运行，设计中采取多种硬件和软件自监视措施，以便在远端模块和合并单元发生硬件、软件故障时，能及时发现，并按预定的方案对采样数据进行正确处理，使保护和测控装置能始终获得正确数据而正确动作。若为硬件不可恢复故障，合并单元将详细的故障信息上送或本地显示，提示运行人员更换相应的出错装置。出错处理包括 ECT/EVT 远端模块出错处理、接入的母线合并单元（若有）出错处理、光纤通道光强监视、合并单元内 DSP 板出错处理等。

（6）电压并列功能（母线电压合并单元具备）：母线合并单元需要完成电压并列功能。1 个合并单元最多可以接收 3 条母线电压，并通过硬触点开入或 GOOSE 信号得到母联或分段断路器位置，同时把屏柜上的把手位置作为开入，完成电压并列、解列操作。

母线合并单元根据母线的主接线方式采集单母线双分段电压、单母线 3 分段电压、双母线电压、双母线单分段电压，双母线双分段按两组双母线考虑。

（7）测量值计算：对接入的电流、电压量进行（采样）计算，提取幅值、相位、频率、谐波等特征量，供调试、显示用。

5. 装置硬件设计

装置由高性能嵌入式处理器 PowerPC、PCI 以太网处理器、PCI 多串口控制器、现场可编程逻辑门阵列 FPGA 及其他外设组成。硬件架构如图 2-24 所示。

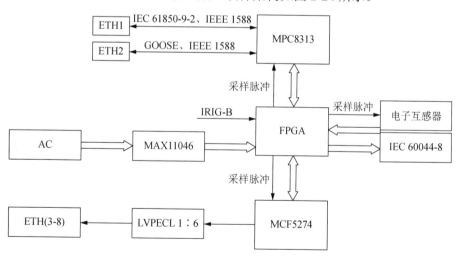

图 2-24　某型合并单元硬件架构

6. 辅助工具软件设计

（1）模拟液晶软件：MU 装置可以没有液晶屏幕，当装置异常或需要操作显示时可以

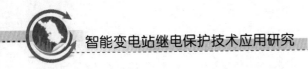

使用模拟液晶软件。只需要将装置的前面板调试串口和计算机的串口连接起来，无须进行任何设置，然后运行模拟液晶软件即可。模拟液晶操作与真实液晶的操作方法相同，只是用鼠标对键盘进行操作，用户可以非常方便地获取装置运行状态等信息。

（2）IED 配置工具软件：MU 输出的采样值帧中数据通道 DataChannel#1～DataChannel#22 和合并单元实际信号源的映射关系，保护装置和合并单元的采样通道连接关系，都是可灵活配置的。合并单元的 22 个采样通道的含义和次序由合并单元 ICD 模型文件中的采样发送数据集决定。完成 MU 装置的在数字化变电站中的配置使用全站统一的配置工具。配置工具、配置文件、配置流程应符合 DL/T 1146《DL/T 860 实施技术规范》及 Q/GDW 396《IEC 61850 工程继电保护应用模型》中的补充规定。

（3）MU 装置组态文件或组态软件：通过组态文件或组态软件配合装置本身嵌入软件，提供必要的描述信息，使装置的嵌入软件功能与硬件配置相匹配，完成通用软硬件平台到具体型号装置的转化。装置的组态功能包括装置插件配置，采样通道类型与数量配置，额定二次值配置，ECT、EVT 通信规约配置和输出接口类型和数量配置等。

第三节　智 能 终 端

一、断路器智能终端

（一）功能

断路器智能终端按其配合的断路器的操作方式不同可分为多种类型，如单相操作型、三相操作型、单跳闸线圈型、双跳闸线圈型等。实用的断路器智能终端一般还包括若干数量的用于控制隔离开关和接地开关的分合闸出口，以及部分简单的测控功能。毫无疑问，断路器智能终端必须支持 IEC 61850（DL/T 860）标准，装置控制命令输出和开关量输入可使用光纤以太网接口，支持 GOOSE 通信。装置应适应就地安装，可以在户外恶劣的环境中运行。典型的断路器智能终端的功能配置如下。

1. 断路器操作功能

（1）接收保护的跳闸（不分相或分相、三跳）、重合闸等 GOOSE 命令。

（2）具备三跳硬触点输入接口。三跳硬触点输入要求经大功率抗干扰重动继电器重动，启动功率大于 5 W，动作电压为额定直流电源电压的 55%～70%，具有抗 220 V AC

工频电压干扰的能力。

（3）提供一组或两组断路器跳闸回路，一组断路器合闸回路。

（4）具有电流保持功能。

（5）具有跳合闸回路监视功能。

（6）具有跳合闸压力监视与闭锁功能。

（7）具有各种位置和状态信号的合成功能。

2. 测控功能

（1）遥信功能：具有多路（如 66 路）遥信输入，能够采集包括断路器位置、隔离开关位置、断路器本体信号（含压力低闭锁重合闸等）在内的开关量信号。

（2）遥控功能：接收测控的遥分、遥合等 GOOSE 命令，具有多路（如 33 路）遥控输出，能够实现对隔离开关、接地开关等的控制。遥控输出触点为独立的空触点。

（3）温度、湿度测量功能：具有 6 路直流量输入接口，可接入 4～20 mA 或 0～5 V 的直流变送器量，用于测量装置所处环境的温度、湿度等。

3. 辅助功能

辅助功能包括自检功能、直流掉电告警、硬件回路在线检测、事件记录（包括开入变位报告、自检报告和操作报告）等。

4. 对时功能

可支持多种对时方式，如 IRIG-B 码对时、IEC 61588 对时等。

5. 通信功能

一般具备 3～12 个过程层光纤以太网接口，支持 GOOSE 通信和 IEC 61588 对时；每个 GOOSE 接口要求拥有完全独立的 MAC；具备调试接口，用于与辅助调试软件连接，对装置进行测试和配置。

（二）工作原理

1. 跳闸原理

装置能够接收保护和测控装置通过 GOOSE 报文送来的跳闸信号，同时支持手跳硬触点输入。

图 2-25 显示了一组跳闸回路的所有输入信号转换成 A、B、C 分相跳闸命令的逻辑，其中装置接收的跳闸输入信号有如下几项：

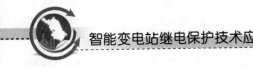
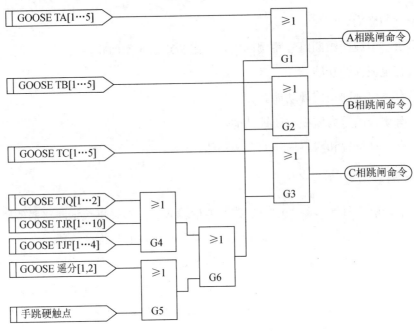

图 2-25 断路器智能终端跳闸命令

（1）保护分相跳闸 GOOSE 输入。GOOSE TA1～GOOSE TA5 是 5 个 A 相跳闸输入信号；GOOSE TB1～GOOSE TB5 是 5 个 B 相跳闸输入信号；GOOSE TC1～GOOSE TC5 是 5 个 C 相跳闸输入信号。

（2）保护三跳 GOOSE 输入。GOOSE TJQ1、GOOSE TJQ2 是 2 个三跳启动重合闸的输入信号；GOOSE TJR1～GOOSE TJR10 是 10 个三跳不启动重合闸而启动失灵保护的输入信号；GOOSE TJF1～GOOSE TJF4 是 4 个三跳既不启动重合闸又不启动失灵保护的输入信号。

（3）测控 GOOSE 遥分输入。GOOSE 遥分 1、GOOSE 遥分 2 是 2 个遥分输入信号。

（4）手跳硬触点输入。图 2-26 显示了装置的跳闸逻辑，其中"跳闸压力低""操作压力低"是装置通过光耦开入采集到的断路器操动机构的跳闸压力和操作压力不足信号。

以 A 相为例，G1、G2 和 G3 构成跳闸压力闭锁功能，其作用是：在跳闸命令到来之前，如果断路器操动机构的跳闸压力或操作压力不足，即"跳闸压力低"或"操作压力低"的状态为 1，G2 的输出为 0，装置会闭锁跳闸命令，以免损坏断路器；而如果"跳闸压力低"或"操作压力低"的初始状态为 0，G2 的输出为 1，一旦跳闸命令到来，跳闸出口立即动作，之后即使出现跳闸压力或操作压力降低，G2 的输出仍然为 1，装置也不会闭锁跳闸命令，保证断路器可靠跳闸。

A、B、C 相跳闸出口动作后再分别经过装置的 A、B、C 相跳闸电流保持回路驱动断路器跳闸。

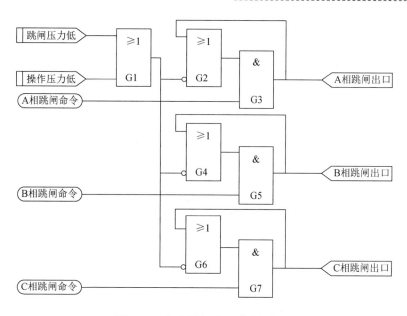

图 2-26 断路器智能终端跳闸逻辑

2. 合闸原理

装置能够接收保护测控装置通过 GOOSE 报文送来的合闸信号，同时支持手合硬触点输入。图 2-27 显示了合闸回路的所有合闸输入信号转换成 A、B、C 分相合闸命令的逻辑。其中装置接收的合闸输入信号有如下几种：

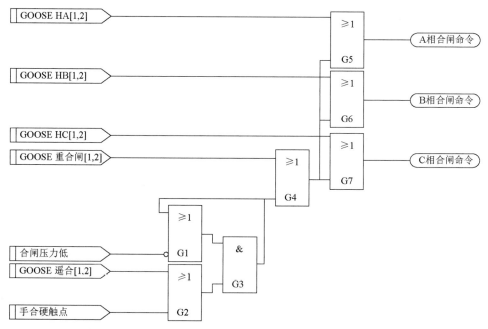

图 2-27 断路器智能终端合闸命令

（1）保护分相重合闸 GOOSE 输入。可用于与具有自适应重合闸功能的保护装置相配合。GOOSE HA1、GOOSE HA2 是 2 个 A 相重合闸输入信号；GOOSE HB1、GOOSE HB2 是 2 个 B 相重合闸输入信号；GOOSE HC1、GOOSE HC2 是 2 个 C 相重合闸输入信号。

（2）保护三相重合闸 GOOSE 输入。GOOSE 重合闸 1、GOOSE 重合闸 2 是 2 个重合闸输入信号。

（3）测控 GOOSE 遥合输入。GOOSE 遥合 1、GOOSE 遥合 2 是 2 个遥合输入信号。

（4）手合硬触点输入。"合闸压力低"是装置通过光耦开入采集到的断路器操动机构的合闸压力不足信号。该输入用于形成合闸压力闭锁逻辑：在手合（或遥合）信号有效之前，如果合闸压力不足，"合闸压力低"状态为 1，取反后闭锁合闸，以免损坏断路器；而如果"合闸压力低"初始状态为 0，在手合（或遥合）信号有效之后，即使出现合闸压力降低也不会受影响，保证断路器可靠合闸。

图 2-28 显示了装置的合闸逻辑，其中"跳闸压力低""操作压力低"是装置通过光耦开入采集到的断路器操动机构的跳闸压力和操作压力不足信号。

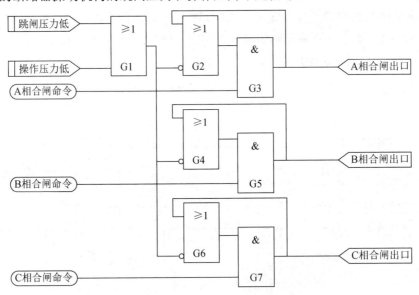

图 2-28　断路器智能终端合闸逻辑

以 A 相为例，G1、G2 和 G3 构成合闸压力闭锁功能，其作用是：在合闸命令到来之前，如果断路器操动机构的跳闸压力或操作压力不足，即"跳闸压力低"或"操作压力低"的状态为 1，G2 的输出为 0，装置会闭锁合闸命令，以免损坏断路器；而如果"跳闸压力低"或"操作压力低"的初始状态为 0，G2 的输出为 1，一旦合闸命令到来，合闸出口立即动作，之后即使出现跳闸压力或操作压力降低，G2 的输出仍然为 1，装置也不会闭锁合闸命令，保证断路器可靠合闸。

A、B、C 相合闸出口动作后再分别经过装置的 A、B、C 相合闸电流保持回路驱动断路器跳闸。

3. 跳、合闸回路完好性监视

通过在跳、合闸出口触点上并联光耦监视回路，装置能够监视断路器跳合闸回路的状态。

图 2-29 是合闸回路监视原理图，当合闸回路导通时，光耦输出为 1。

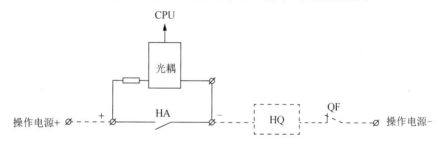

图 2-29　合闸回路监视原理图

图 2-30 是跳闸回路监视原理图，当跳闸回路导通时，光耦输出为 1。

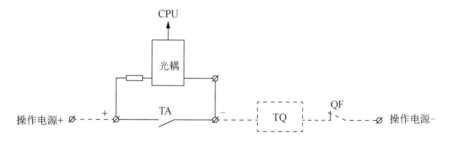

图 2-30　跳闸回路监视原理图

当任一相的跳闸回路和合闸回路同时为断开状态时，给出控制回路断线信号，如图 2-31 所示。

同时，装置通过与光耦开入得到的跳、合位状态进行比较，可以进一步得出跳、合闸回路的异常状况。以 A 相为例，如果经光耦开入的 A 相跳位为 1、合位为 0，而 A 相合闸回路的状态为 0，则给出 A 相合闸回路异常报警；如果经光耦开入的 A 相合位为 1、跳位为 0，而 A 相跳闸回路的状态为 0，则给出 A 相跳闸回路异常报警，如图 2-32 所示。

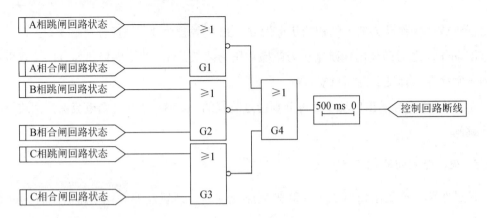

图 2-31　控制回路断线判断逻辑

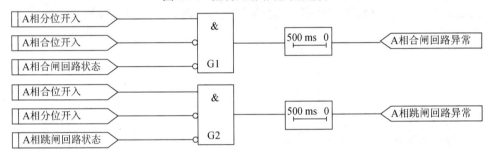

图 2-32　A 相跳、合闸回路异常判断逻辑

4. 压力监视及闭锁

装置通过光耦开入方式监视断路器操动机构的跳闸压力、合闸压力、重合闸压力和操作压力的状态，当压力不足时，给出相应的压力低报警信号。

装置的跳闸压力闭锁逻辑如前所述，在跳闸命令有效之前，如果操作压力或跳闸压力不足，则闭锁跳闸命令；而在跳闸命令有效之后，即使在跳闸过程中出现操作压力或跳闸压力降低的情况，也不会闭锁跳闸，保证断路器可靠跳闸。

装置的合闸压力闭锁逻辑也如前所述，在手合命令有效之前，如果合闸压力不足，则闭锁手合命令；而在手合命令有效之后，即使在合闸过程中出现合闸压力降低的情况，也不会闭锁合闸，保证断路器可靠合闸。在合闸命令有效之前，如果操作压力或跳闸压力不足，则闭锁合闸命令；而在合闸命令有效之后，即使在合闸过程中出现操作压力或跳闸压力降低的情况，也不会闭锁合闸，保证断路器可靠合闸。

重合闸压力不参与装置的压力闭锁逻辑，而只通过 GOOSE 报文发送给重合闸装置，由重合闸装置处理。

4 个压力监视开入既可以采用动合触点，也可以采用动断触点。

5. 闭锁重合闸

装置在下述情况下会产生闭锁重合闸信号，可通过 GOOSE 发送给重合闸装置：

（1）收到测控的 GOOSE 遥分命令或手跳开入动作时会产生闭锁重合闸信号，并且该信号在 GOOSE 遥分命令或手跳开入返回后仍会一直保持，直到收到 GOOSE 遥合命令或手合开入动作才返回。

（2）收到测控的 GOOSE 遥合命令或手合开入动作。

（3）收到保护的 GOOSE TJR、GOOSE TJF 三跳命令，或 TJF 三跳开入动作。

（4）收到保护的 GOOSE 闭锁重合闸命令，或闭锁重合闸开入动作。

装置的闭锁重合闸逻辑如图 2-33 所示。

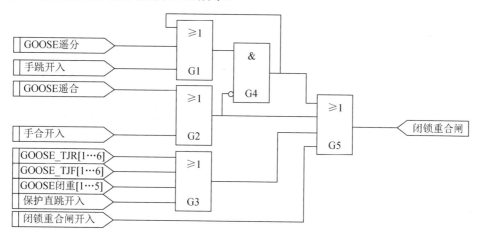

图 2-33 闭锁重合闸逻辑

6. 信号合成

（1）"三相跳位"信号由断路器 A、B、C 三相跳位相"与"产生。

（2）"任一相跳位"信号由断路器 A、B、C 三相跳位相"或"产生。

（3）"三相合位"信号由断路器 A、B、C 三相合位相"与"产生。

（4）"任一相合位"信号由断路器 A、B、C 三相合位相"或"产生。

（5）"非全相"信号生成逻辑如图 2-34 所示。

（6）"KK 合后"信号：当收到测控的 GOOSE 遥合命令或手合开入动作时，KK 合后位置（即 KKJ）为 1，且在 GOOSE 遥合命令或手合开入返回后仍保持，当且仅当收到测控的 GOOSE 遥分命令或手跳开入动作后才返回。

（7）"事故总"信号生成逻辑如图 2-35 所示。

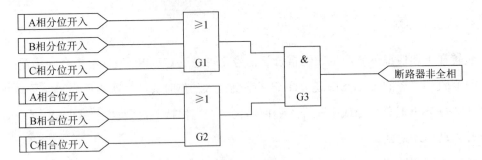

图 2-34　断路器非全相信号生成逻辑

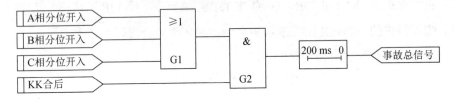

图 2-35　事故总信号生成逻辑

7. 跳合闸回路原理图

下面以 A 相为例给出装置跳合闸回路原理图（B、C 相同），如图 2-36 所示，具体工程应以工程设计图为准。

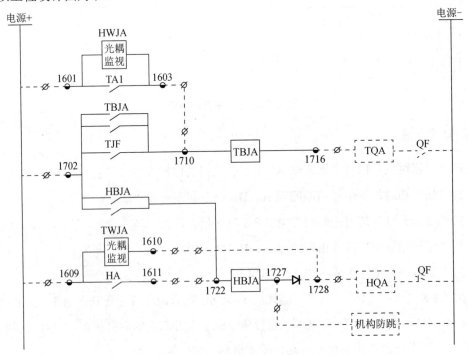

图 2-36　A 相跳合闸回路原理图

二、变压器（电抗器）本体智能终端

（一）功能

变压器本体智能终端配置变压器本体测控功能，多数兼具非电量保护功能，可以完成变压器挡位测量与控制，中性点隔离开关控制，风扇控制，温度、湿度测量以及非电量保护功能。变压器本体智能终端必须支持 IEC 61850（DL/T 860）标准，装置控制命令输出和开关量输入可采用光纤以太网接口，支持 GOOSE 通信。装置应适合就地安装，可以在户外恶劣的环境中运行。电抗器智能终端的功能配置与变压器大致相同，本书不再单独介绍，以下仅针对变电器器智能终端进行介绍。典型的变压器智能终端的功能配置如下。

1. 测控功能

（1）遥信功能：具有多路（如 48 路）遥信输入，能够采集包括非电量信号、挡位以及中性点隔离开关位置在内的开关量信号。

（2）遥控功能：具有多路（如 8 路）遥控输出，能够实现变压器挡位调节和中性点接地开关的控制。遥控输出触点为独立的空触点。

（3）测量功能：具有多路（如 6 路）直流量输入接口，可接入 4～20 mA 或 0～5 V 的直流变送器量，用于测量主变压器油温及装置所处环境的温度、湿度等。

2. 非电量保护功能

（1）装置设有多路（如 30 路）非电量跳闸信号接口，均经大功率抗干扰继电器重动，可以实现变压器本体和调压设备的非电量保护。

（2）装置提供闭锁调压、启动风冷和启动充氮灭火的输出触点，可以与变压器保护装置配合使用。

（3）非电量输入经大功率抗干扰重动继电器重动，启动功率大于 5 W，动作电压为额定直流电源电压的 55%～70%，具有抗 220 V 工频电压干扰的能力。

3. 辅助功能

辅助功能包括自检功能、装置直流掉电告警、非电量电源监视、硬件回路在线检测、事件记录（包括开入变位报告、自检报告和操作报告）等功能。

4. 对时功能

可支持多种对时方式，如 IRIG-B 码对时、IEC 61588 对时等。

5. 通信功能

包括 3 个过程层光纤以太网接口，支持 GOOSE 通信和 IEC 61588 对时，每个 GOOSE 接口拥有完全独立的 MAC；1 个调试接口，用于与辅助调试软件连接，以对装置进行测试和配置。

（二）工作原理

变压器本体智能终端的工作原理较为简单，需要说明的主要是其非电量保护。

从变压器本体来的非电量信号经装置重启动后给出跳闸触点，同时装置也能记录非电量动作情况，并给出相应的信号灯指示。仅需发信的非电量信号通过强电开入采集上送，见图 2-37；直接跳闸的非电量信号直接启动装置的跳闸继电器，见图 2-38；需要延时跳闸的非电量信号接线原理，见图 2-39。

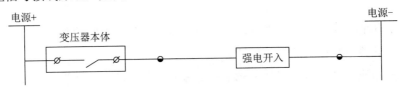

图 2-37　仅需发信的非电量信号接线

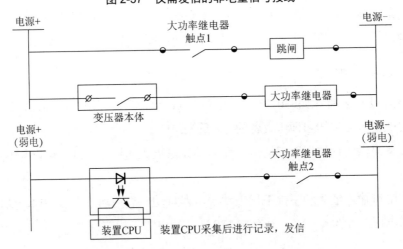

图 2-38　需直接跳闸的非电量信号接线原理图

根据 DL/T 572—2010《电力变压器运行规程》，强迫油循环风冷和强迫油循环水冷变压器，当冷却系统故障切除全部冷却器时，允许带额定负载运行 20 min。如 20 min 后顶层油温尚未达到 75 ℃，则允许上升到 75 ℃，但在这种状态下运行的最长时间不得超过 1 h。冷却器全停保护逻辑如图 2-40 所示。

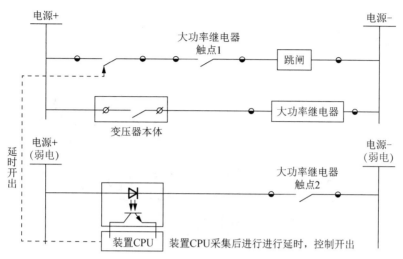

图 2-39 需延时跳闸的非电量信号接线原理图

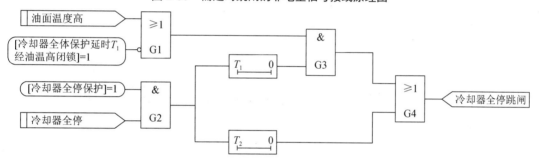

图 2-40 冷却器全停保护逻辑图

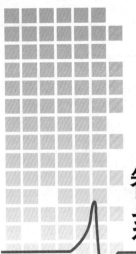

第三章

智能变电站继电保护系统与配置

第一节　网络报文记录分析及故障录波装置

在智能变电站中，以光纤为主要通信介质的网络取代了传统的电缆硬连线，简化了二次接线，提高了施工效率，但同时也给变电站二次回路调试、试验、故障排查提出了新要求。传统金属二次回路直观的硬触点、硬压板、二次连线等明显断开点被网线、光纤所代替，二次回路调试、试验、检查工作依靠传统电工仪表、机械工具等设备已不能完成。网络报文记录分析仪在此背景下应运而生，它可监视、记录全站网络报文，实现通信报文的在线分析和记录文件的离线分析，为站内调试、运行和维护提供有力的辅助手段。

故障录波器用于系统发生故障时，自动准确地记录故障前后过程的各种电气量的变化情况，通过对这些电气量进行分析和比较，判断保护是否正确动作，分析事故原因，同时也可掌握电力系统的暂态特性和有关参数。智能变电站的电气量数据采集、跳闸命令、告警信号及二次回路均已经数字化、网络化，故障录波器面临与网络记录分析仪同样的问题。

现在国内已经出现了几种智能变电站网络报文记录分析装置和录波装置。网络报文记录分析装置实现原始报文记录，录波装置实现暂态录波，但这两种装置需要分别组屏，各自实现各自的功能。报文记录分析装置主要实现对智能变电站中网络系统异常的数据记录和诊断，录波装置主要实现对一次系统异常的数据记录和诊断。当智能变电站内出现异常情况时，常常需要将两个装置记录的信息结合在一起分析，这样才能更快更准确地判定异常位置，分析异常原因。

当前，出现了网络报文记录分析及故障录波合一的装置，也称为网络报文记录分析系统或变电站通信在线监视系统。该系统用一套装置同时实现网络报文记录和暂态录波功能，两种记录信息共享统一的数据源和时标，不仅可以节省变电站的设备、屏柜，还能更方便地实现原始报文数据和暂态录波数据的对比组合分析。报文记录子系统对每一条异常报文均记录日志，通过日志条目可以直接快速地提取报文数据，这样就可以方便地将暂态录波数据和原始报文数据建立索引关系，实现对比组合分析功能。

以下介绍这种网络报文记录分析及故障录波功能合一的网络报文记录分析系统。

一、系统结构

网络报文记录分析系统一般由若干通信监听装置（记录单元）和一台通信监视分析终端（分析管理单元）组成。记录单元和分析管理单元单独组网，共同完成变电站通信系统的记录、分析和在线监视功能。记录单元分别从变电站通信系统各层通信接口接入，完整记录变电站通信系统的通信信息，同时通过对上述信息进行在线分析，实时将回路运行状态及故障报警信息上传至分析管理单元终端实现监视。

变电站规模不同，其网络录波分析系统的设计方案也有所区别。对于网络流量小的应用场合，记录单元和分析管理单元可配置为一台嵌入式装置；在网络流量大的应用现场，可配置多台记录单元实现全站网络通信的监视与记录，配置一台分析管理单元完成对全站报文的分析，配置一台专用交换机实现记录单元与分析管理单元间的通信。系统的组成框图如图3-1所示。

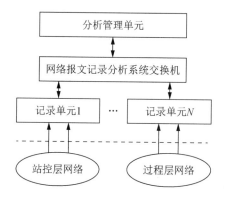

图 3-1　典型的网络报文记录分析系统组成框图

二、系统功能

网络报文记录分析系统可对网络通信状态进行在线监视，并对网络通信故障及隐患进行告警，有利于及时发现故障点并排查故障；同时能够对网络通信信息进行无损全记录，以便重现通信过程及故障。通过对数字化变电站中的所有通信信息进行实时解析，能够以可视化的方式展现数字化、网络化二次回路状态，并发现二次设备信号传输异常。另外还能够对由于通信异常引起的变电站运行故障进行分析。具体功能一般包括以下几项。

1. 网络状态诊断

（1）网络端口通信中断告警：若报文采集单元的某个有流量的网络端口在指定时间内没有收到任何流量，则给出网络端口通信中断的告警。

（2）网络流量统计和流量异常告警：可以实现对网络端口流量统计和报文分类流量统计。当某类恒定流量的报文（如采样值）流量变化超过一定比例（增加或减少）时，系统会进行该分类流量的突增或突减告警。

（3）网络流量分类：变电站网络报文主要分为三类，即采样值报文、GOOSE 报文和 MMS 报文。记录分析仪按照报文类别分别对报文进行流量统计。

2. 网络报文记录

装置可以记录流经报文采集单元网络端口的所有原始报文，对特定的有逻辑关系的报文（如采样值报文、GOOSE 报文、IEEE 1588 报文等）进行实时解码诊断。

GOOSE 报文每发送一次，报文顺序号依次增加，此时将 GOOSE 报文按照发送顺序号进行依次记录。

采样值报文发送时，每帧报文都带有一个顺序号，记录时按照采样值报文的帧序号依次进行记录。

GOOSE 报文或采样值报文帧格式错误等异常报文按照事件顺序进行记录。

对于异常报文，在存储时即打上异常类型标记，如报文帧错误、报文错序、报文重复、报文超时等。检索时可以按照异常类型进行快速检索。

3. 网络报文检查

（1）过程层 GOOSE 报文序列异常检查

GOOSE 报文异常主要包括：① GOOSE 报文超时。如超过 2 倍 GOOSE 报文心跳时间，则说明该 GOOSE 报文异常，需要进行记录。② GOOSE 报文丢帧。通过 GOOSE 报文帧序号的连续性可以检查 GOOSE 报文是否丢帧，如果丢帧，则帧序号是不连续的。③ GOOSE 报文错序，指由于网络传输时延影响，后发的 GOOSE 报文比先发的 GOOSE 报文要先到达装置，此时也需要进行记录，这说明 GOOSE 网络有异常。④ GOOSE 报文重复，指连续发送两帧序号相同的 GOOSE 报文，此时说明 GOOSE 报文重复。通过对 GOOSE 报文以上异常情况进行检查，将异常的 GOOSE 报文进行记录，可以分析网络的一些异常情况。

（2）过程层 GOOSE 报文内容异常检查

GOOSE 报文内容异常检查是指检查 GOOSE 报文的 APDU 和 ASDU 格式是否符合标准。GOOSE 报文中 confNo、goRef、datSet、entriesNum 等参数在装置的 CID 文件中已经进行描述，发送 GOOSE 报文的 confNo、goRef、datSet、entriesNum 必须与装置 CID 文件的配置文件相同，如果不一致，说明发送的 GOOSE 报文内容错误，需要进行记录并给出异常告警信号。

（3）过程层采样值报文序列异常检查

检查的异常状态包括超时、丢帧、错序、重复等。

① 采样值报文如果超过 2 倍发送的时间间隔，则采样值报文发送异常，此时需要将超过 2 倍发送时间间隔的采样值报文进行记录。

② 采样值报文丢帧时，采样值报文的帧序号不连续，通过检查采样值报文的帧序号可以进行采样值报文的丢帧检查。如接收到的采样值报文序号为 1、2、3、5、6、7、8，表示采样值报文的第 4 帧丢失，此时需要进行采样值报文丢失异常告警。

③ 采样值报文错序是指装置接收的采样值报文不是依顺序依次到达，某些采样值报文先到。此时也是通过检查采样值报文的帧序号检查采样值报文错序。如接收装置收到的采样值报文的帧序号依次为 1、3、4、2、5，表示采样值报文错序，第 2 帧报文比第 4 帧报文还要晚到。

④ 采样值报文重复是指连续收到相同帧序号的采样值报文。

（4）过程层采样值报文内容异常检查

检查的内容包括 APDU 和 ASDU 格式是否符合标准，confNo、svID、datSet、entriesNum 等参数是否与配置文件一致等。

（5）站控层 MMS 报文异常检查

站控层网络的 MMS 报文异常一般指 MMS 报文是否符合每种服务定义的报文格式，如果与每种服务定义的报文格式不相符合，则需要进行报错。

4. 异常告警

异常告警分为两类，第一类是在人机主界面上提示告警情况，如报文内容错误、报文异常、录波启动等；第二类是通过硬触点的方式开出告警信号，该信号可接入变电站监控系统。

5. 数据检索和提取

（1）按照时间段、报文类型、报文特征（如异常标记、APPID）等条件检索并提取报文列表，以 HEX 码、波形、图表等形式显示报文内容。

（2）按照时间段进行检索，如提取某个时间段的所有报文。

（3）按照报文分类进行检索，如只需要检索采样值报文或者 GOOSE 报文或者 MMS 报文。

（4）按照报文特征进行检索，比如通过异常标记进行检索。如通过报文超时异常标记，可以检索超时的所有报文。

6. 数据转换

原始报文数据可导出形成需要的格式，用于在 Ethereal 和 Wireshark 等流行网络报文抓包软件、Excel 电子表格、CAAP2008 波形分析软件等软件工具中进行分析。

7. 故障波形记录

（1）电压、电流波形记录

对过程层网络的采样值报文进行解析，提取瞬时采样点的值，进行傅氏计算以及启动判据计算。当电力系统发生故障时，达到故障启动条件，则以 COMTRADE 格式对故障发生时的采样值和开关量进行存储记录，用图形分析软件实现系统故障波形的显示和分析。

（2）二次设备动作行为记录

对过程层网络的 GOOSE 报文进行解析，提取 GOOSE 报文的开关量状态信息，当开关量状态发生改变时，对接入的采样值报文和 GOOSE 报文进行解析，并以 COMTRADE 格式对故障发生时的采样值和开关量进行存储记录，用图形分析软件实现系统故障波形的显示和分析。

（3）波形分析功能

装置记录的暂态波形数据以 COMTRADE 格式输出，使用波形分析软件，能实现单端测距、双端测距、谐波分析、阻抗分析、功率分析、相量分析、差流分析、变压器过励磁分析、非周期分量分析等高级分析功能。

三、关键技术

1. 线性均衡循环存储和分段索引技术

智能变电站过程层的报文数据信息量非常大，以 4 000 Hz 采样率和 10 个 MU 的规模为例，采样值传输采用 IEC 61850-9-2 规范，按每个 APDU 包含 1 个 ASDU 数据，每个采样值数据集包含 12 个数据对象，则每个采样值数据包的平均大小约为 170 个字节（由于 svID/datSet 等字符串信息长度不等，可能会有所偏差），则每秒钟产生的报文数据为 170 × 4 000×10= 6 800 000 B=6.8 MB；每天的数据量为 6.8 MB × 60 × 60 × 24=587 520 MB= 587.52 GB。如此海量的数据，目前还只能用硬盘介质来存储。

较早期的网络报文记录分析仪，数据存储方式一般基于操作系统中的文件系统，以文件形式存储，如 Linux 的 ETX 文件系统或 Windows 的 FAT/NTFS 等文件系统。这类文件系统都是随机存储方式，如此海量的数据信息，必然产生频繁的读写和删除，这不仅会导致大量的磁盘碎片降低存储效率，更严重的是，由于文件系统随机存储算法的局限，可能导致硬盘上某些区域被频繁擦写（如文件分配表区域），导致硬盘局部快速损坏，使整个硬盘数据丢失。

近期研制的网络报文记录分析仪，报文记录子系统运行于 VxWorks 实时嵌入式操作系统上，没有采用现有的文件系统来存储数据，而是根据报文数据的时序性特征，专门设计了线性均衡循环存储算法，对硬盘上的所有空间进行线性规划，均衡使用，循环存储。线性规划确保硬盘上不会产生磁盘碎片，使硬盘每个扇区的擦写频率保持均衡。由于数据是线性时序相关存储的，因此无须删除数据即可实现循环存储。为了能够在海量数据中快速提取关键信息，以线性均衡存储算法为基础，建立了分段索引算法，实现用很小的内存开销即可快速索引到关键信息。

2. 多 MU 相互间同步偏差检出技术

智能变电站中的一种严重异常就是某个或某些 MU 与其他 MU 发生了采样失步，这种失步会导致很多保护算法失效。在暂态录波中，如果完全依赖 MU 提供的采样标号来同步数据，当有 MU 失步时，会导致暂态录波波形畸变，波形相位产生严重偏差，使录波数据失去价值。

对于这种异常，可以采用标号差分算法对多个 MU 的同步特征进行阶梯分组，筛选出失步的 MU。这种算法不依赖于记录分析仪自身时钟的同步，不受外部时钟影响，可以快速准确地检出失步的 MU 并给出告警。

3. 双时间坐标系的波形分析

网络记录分析仪记录的采样值报文包含两个时标信息，一是接收到该报文的时间；二是 MU 的采样时间（通过采样标号换算出）。而暂态录波数据由于受到 COMTRADE 文件格式的约束，只能显示一个时标，通常仅显示 MU 的采样时间，这样在波形中就无法还原由于 MU 失步或网络严重拥堵而导致的异常。

网络记录分析仪内置的网络协议分析软件可描绘采样值报文的波形曲线，在该画面上对每个采样点均能标出记录仪记录的时标和 MU 采样的时标，给用户带来更直观的对比分析信息。

4. 报文数据高速显示技术

在报文分析软件中，一个主要功能就是以列表形式列出所有提取出的报文摘要信息，这个功能显示一般都在报文分析软件的主画面上。仍以 4 000 Hz 采样率 10 个 MU 的 10 s 的数据为例，需要加入到列表中的报文条目数为：4 000 × 10 × 10=400 000=40 万条。较早期的报文记录分析仪内置的报文分析软件，都是采用现成的通用列表控件实现这个功能的，如微软的 MFC 提供的列表控件。这些列表控件需要将报文的摘要信息转换成字符串，再存储到控件自身维护的数据结构中。当列表条目很多时，创建这个数据结构不仅需要很大的内存开销，还需要花费很长的时间。经过实测，40 万条的报文信息，数据大小约 70 MB，采用这种通用控件显示，内存开销会超过 400 MB，在 CPU 主频为 2 GHz 的计算机上从打开文件到数据全部显示出来时间接近或超过 30 s，使用人员有明显的等待感觉。

近期研制的网络记录分析仪针对报文数据的特征，设计了专用的列表控件，数据大小约为 70 MB 的 40 万条报文信息只需占用不到 100 MB 的内存，在 CPU 主频为 2 GHz 的计算机上从打开文件到数据全部显示出来时间不超过 5 s，分类显示时间不超过 1 s，可达到几乎无等待的效果。

四、主要性能参数及指标要求

智能变电站的故障录波性能参数及指标要求与常规站基本相同，网络报文记录分析系统的性能参数主要关注报文端口接入能力、报文存储能力和对时精度，除此之外，还有一些通用性能参数及指标要求。

1. 报文端口接入能力

（1）以太网报文记录监听端口数：≥8。

（2）非以太网报文监听记录端口数：≥24。

（3）站内以太网通信速率：100/1 000 Mb/s。

2. 数据记录与存储能力

（1）记录数据的分辨率：<1 μs。

（2）记录数据的完整率：100%。

（3）本地高速大容量存储：速度 70 MB/s，容量可达 2×500 GB 以上。

（4）数据保存时间：SV 连续记录存储 24 h 以上；GOOSE 报文、MMS 报文连续记录存储 14 天以上；异常报文记录存储 1 000 条以上。

3. 时钟精度

（1）具有 IRIG-B（DC）码或 IEEE 1588（PTP）对时功能。

（2）记录单元对时精度：≤1 μs。

（3）分析管理单元对时精度：≤10 ms。

五、智能变电站配置要求

对于 220 kV 及以上的智能变电站，推荐按电压等级和网络配置故障录波装置和网络报文记录分析装置。当 SV 或 GOOSE 接入量较多时，单个网络可配置多台装置。每台故障录波装置或网络报文记录分析装置不应跨接双重化的两个网络。主变压器一般单独配置主变压器故障录波装置。

故障录波装置和网络报文记录分析装置应能记录所有 MU、过程层 GOOSE 网络的信息。录波器、网络报文记录分析装置对应 SV 网络、GOOSE 网络、MMS 网络的接口，应采用相互独立的数据接口控制器。

采样值传输可采用网络方式或点对点方式，开关量采用 IEC 61850-8-1 协议通过过程层 GOOSE 网络传输，采样值通过 SV 网络传输时采用 IEC 61850-9-2 协议。故障录波装置采用网络方式接收 SV 报文和 GOOSE 报文时，故障录波功能和网络记录分析功能可采用一体化设计。

第二节　继电保护故障信息处理系统子站

一、系统概述

继电保护故障信息处理系统（P-FIS）用于继电保护动作和运行状态信息的收集与处理，并对保护装置的动作行为进行详细分析。它是继电保护、调度及其他专业人员快速分析和判断保护动作行为、处理电网事故的技术支持系统。P-FIS 由安装在调度端的主站系统、安装在厂站端的子站系统和供信息传输用的电力系统通信网络及接口设备构成。系统典型网络拓扑如图 3-2 所示。

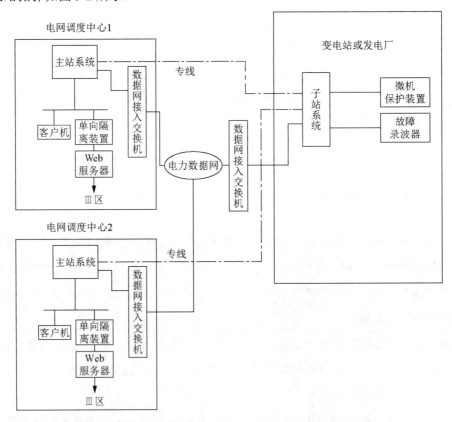

图 3-2　继电保护故障信息处理系统典型网络拓扑示意图

P-FIS 采集和处理的信息来源包括以下几种：

（1）继电保护装置的运行信息，包括设备的投/退信息、输入/输出开关量信息、模拟量输入、设备运行告警信息、定值及定值区号。

（2）继电保护动作信息，即在系统发生故障时，继电保护装置动作时产生的事件信息以及故障录波信息。

（3）故障录波器信息，即在系统发生故障时，故障录波器产生的故障录波信息。

（4）一次系统参数，含厂站、线路、变压器、发电机、高抗、断路器、滤波器、母线等一次系统参数。

（5）设备参数，含各一次设备所配置的继电保护和故障录波器设备的名称、型号、生产厂家、软件版本、通信接口形式、通信规约及有关的通信参数等。

（6）在子站或主站对信息加工处理后产生的信息，以及根据运行需要接入子站的其他信息。

继电保护故障信息处理系统子站（P-FIS 子站），简称子站或保信子站，是指安装在厂站端负责与保护装置、故障录波器等设备通信，完成规约转换、信息收集、处理、控制、存储并按要求向主站系统发送等功能的硬件及软件系统。

220 kV 及以上电压等级智能变电站，一般要求配置保信子站。保信子站功能推荐由一体化监控系统集成，必要时也可配置独立的保信子站硬件和软件。110 kV 及以下电压等级智能变电站，一般不要求配置保信子站，需要时由一体化监控系统集成保信子站的全部功能，不配置独立的保信子站硬件和软件。无论哪种配置方式，保信子站完成的功能都相同，区别仅在于一体化监控系统中的保信子站功能由监控主机完成。以下仍以独立配置的保信子站为例，介绍子站系统的结构、外部接口及功能。

二、子站系统结构

独立配置的子站系统总体结构如图 3-3 所示。其中，子站主机及接口设备是子站系统的主体，完成子站系统的主要功能。子站维护工作站（计算机）用于现场调试和就地显示子站系统信息，但子站主机的信息收集、处理和发送不依赖于子站维护工作站，因此后者不是系统的必需部分。子站系统可根据实际情况配置数据存储设备、通信管理设备、网络隔离设备、对时接口设备、打印机输出设备、光纤收发器、光电转换器及其他接口设备和附属设备等。子站系统一般需支持各种保护装置和故障录波器的通信接口，包括电口以太网，光纤以太网及 RS232、RS485 串口等形式。子站系统还可与监控系统互连，接口形式一般为以太网接口或串口。

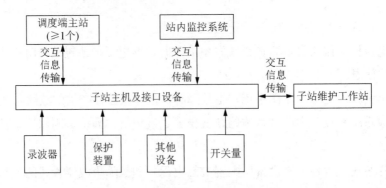

图 3-3　继电保护故障信息处理子站系统总体结构图

为满足系统长期带电运行的要求，并保证系统工作的可靠性，当前的子站主机普遍采用嵌入式操作系统、装置化结构以及互相独立的以太网接口接入到电力数据网。

子站系统能同时向多个主站传送信息，传送到不同级别主站的信息能根据要求定制。子站系统具有向站内监控系统传送信息的功能，并能适应监控系统要求的接口形式和通信规约。为了减少信息传送环节、提高系统可靠性，子站与所有保护装置和故障录波器应采用直接连接方式，不宜经过保护管理机转接。在适应保护提供的接口基础上，优先采用光纤连接方式，以提高抗干扰能力。

（1）与保护装置的接口

保信子站可适应各种型号的保护装置的各种接口形式。传统变电站保护装置有的提供网络接口，有的提供串行接口，接口协议多以 IEC 60870-5-103 和网络 103 协议为主，通信介质有网线、RS485 总线和光纤等。智能变电站保护装置基本上全部为光纤网络接口，采用 IEC 61850（DL/T 860）标准，以 MMS 协议与保信子站（集成在一体化监控系统中）通信。

网络型设备接入子站系统时，一般使用变电站内部网络地址，通过逻辑隔离措施接到子站主机的单独网卡上。同一通信规约的网络型设备可以先适当连接成网，然后连接到子站系统。

对串口型设备接口，子站主机通过自身提供的串口或经串口服务器扩展的串口以 RS232 或 RS485 方式与保护装置相连。由于采用 RS485 总线形式通信的规约一般都以轮询方式工作，为保证通信质量和实时性，每个 RS485 通信口接入的设备数量一般不超过 8 个。

（2）与故障录波器的接口

子站系统与故障录波器通过以太网或者串口连接，推荐采用以太网。多台录波器单独组网，不与保护装置共网。智能变电站中故障录波器基本上都为以太网接口，与含保信子站（集成在一体化监控系统中）的通信采用 IEC 61850（DL/T 860）标准，采用 MMS 协议与监控系统通信。

（3）与外部硬触点接口

子站系统具备开入/开出接口，在需要时接入外部硬触点。开入信号直流电源由子站系统自身提供，开出为空触点。

（4）与子站维护工作站的接口

子站主机与维护工作站通过以太网直接连接。维护工作站仅与子站系统连接，不与站内外其他设备有通信连接。

（5）与监控系统的接口

当需子站系统向监控系统转发保护信息时，子站系统与监控系统之间通过以太网或串口连接，优先采用以太网连接。工程中建议优先采用保护装置直接向监控系统发送信息的方式。

另外要指出，现有保护装置通常同时具备监控系统接口（一般 2 个）和保信子站接口。其中，监控系统接口为保护装置必备，而保信子站接口在一体化监控系统集成保信子站功能时，就不再是必需的了。

（6）对外传输通道的接口

子站系统可支持同时向不少于 4 个主站系统传送信息。子站系统向主站传输信息优先采用电力数据网信道，一般不采用网络拨号方式，在无电力数据网的厂站使用 2M 专线方式。采用电力数据网通道时，要求电力数据网系统能够根据子站数量配置相应的 IP 地址和端口。

子站系统接入主站时，通信环境、通信接口以及通信的报文要遵循相应的技术规范。国家电网公司要求子站向主站传送信息遵循 Q/GDW 273—2009《继电保护故障信息处理系统技术规范》中的附录 A《继电保护故障信息处理系统主-子站系统通信规范》，并保证传送的信息内容与对应的接入设备内信息内容保持一致。南方电网公司则要求遵循《中国南方电网继电保护故障信息系统主站-子站通信与接口规范》。

三、子站系统功能

无论是独立配置子站还是集成在一体化监控系统中的子站，均具备下列功能：

（1）信息收集。子站能够接入不同厂家、不同型号、不同版本的微机保护装置、故障录波器以及系统有必要管理的其他 IED 设备，收集装置的各种信息。支持目前电力系统中使用的各种主要介质和规约，并可根据需要方便灵活地增加对新通信介质、新规约的支持。

保护装置信息包括装置通信状态、保护测量量、开关量、压板投切状态、异常告警信息、保护定值区号及定值、动作事件及参数、保护录波、保护上送的故障简报等数据。故障录波器信息包括录波文件列表、录波文件、录波器工作状态和录波器定值。

（2）信息处理。子站系统能够对收集到的数据进行必要的处理，进行过滤、分类、存储等，并能按照定制原则上送到各调度中心的主站系统，由主站系统对数据进行集中分析处理，从而实现全局范围的故障诊断、测距、波形分析、历史查询等高级功能。

① 规约转换：为了保证信息传送的准确性和快速性，允许保护装置和故障录波器接入子站主机时使用原保护和故障录波器厂家的原始传送规约接收数据。工程中鼓励有条件的地区统一保护装置和故障录波器接入子站系统时的规约，以提高子站系统的处理效率，并保证传输信息的完整性。

② 数据的存储：子站系统的数据存储能力可保证在主站与子站通信短时中断时不丢失任何数据，长时间中断时不丢失重要事件。

③ 信息分类：子站系统支持对装置信息的优先级划分。信息分级原则可配置，提供配置手段。当保护装置处于检修或调试时，子站系统可对相应保护信息增加特殊标记再上送主站系统。

（3）信息发送。子站系统可按照不同主站定制信息的要求向主站发送不同信息，支持定制信息的优先级；向监控系统传送所需信息，具有比向故障信息主站传送信息更高的优先级，以保证监控系统工作的实时性。

（4）通信监视功能。子站系统能够监视与各个主站系统的通信状态，以及与保护装置和录波器装置的通信状态。当发生通信异常时，能给出提示，并上送主站系统和监控系统。

（5）自检和自恢复功能。子站系统在运行过程中随时对自身工作状态进行巡检，如发现异常，主动上送主站系统和监控系统，并采取一定的自恢复措施。

（6）远程维护支持功能。子站系统支持远程维护功能，通过网络远程对子站系统进行配置、调试、复位等。子站系统进入远程维护状态时，允许短时退出正常运行状态，但不会影响到各个接入设备的正常工作。

（7）时间同步。子站系统能够接收串口、脉冲、IRIG-B 等各种形式的时间同步信号，并可根据需要对所接保护装置和故障录波器等智能设备完成软件对时。

（8）人机接口。以图形化方式显示子站系统信息，并提供友好的人机交互界面，通常由子站维护工作站完成。

（9）信息安全分区和防护。按《电力二次系统安全防护总体方案》的要求，独立的保信子站置于安全防护Ⅱ区，此时处于安全Ⅰ区的继电保护设备不许通过网络口直接连接到子站，必须采取逻辑隔离措施方可接入。当保信子站与安全Ⅰ区的各应用系统（如监控系统等）之间网络互连时，应实施逻辑隔离。对于与监控系统一体化设计的保信子站，安全防护级别遵循就高不就低的原则，按安全Ⅰ区防护。

采用嵌入式操作系统的子站主机可以直接接入数据网，采用 Windows 操作系统的工控机子站需满足数据网关于安全防护的规定。

子站维护工作站应具有严格的权限管理，支持用户按照需要设置具有不同权限的用户及用户组。所有的登录、查询、召唤、配置等功能都需有相应权限才能执行。

（10）高级应用功能。除以上功能外，有些子站还具备以下高级应用功能。高级应用一般作为可选项目，不做强制要求。

① 故障报告的形成。保护动作时，子站系统根据收集的信息自动整理故障报告，内容包括一次及二次设备名称、故障时间、故障序号、故障区域、故障相别、录波文件名称等。故障报告以文本文件（.txt）格式保存，并通知到主站系统，在主站系统召唤时按照通用文件上送。

② 简化故障录波功能。子站系统通过分析收集到的故障录波器的波形文件，判断出故障组件，将其对应的电压、电流和原波形中的开关量重新形成一个新的简化波形文件。

③ 时间补偿功能。对支持召唤时标的保护装置，为防止保护设备的时间误差过大，子站系统应能根据保护装置与子站系统的时间差对接收到的保护事件和波形的时间进行调整。

④ 接受来自于主站系统的强制召唤命令。子站系统接收到主站系统发出的对接入设备的强制召唤命令后，应中断当前的处理过程，立即执行该命令。

⑤ 通过开关变位信息触发子站系统与保护通信。在总线型通信方式下，子站系统应能通过获取断路器等一次设备的开关位置变化信息，进而触发子站系统与相应保护进行通信，提高子站系统获取信息的有效性。

⑥ 通过波形文件触发子站系统与保护通信。子站系统应能从录波器的波形信息中获取开关变位信息，进而触发子站系统与相应保护进行通信，提高子站系统获取信息的快速性。

⑦ 定值比对。子站系统应具备召唤定值并自动进行定值比对功能，当发现定值不一致时，给出相应的提示。

⑧ 接入设备状态监视。子站系统对接入设备运行状态进行监视，在检测出接入设备异常时，给出相应的提示信息。

⑨ 远程控制。子站系统可根据需要，对接入设备进行远程控制，通常包括以下 3 种：

a. 定值区切换：能够通过必要的校验、返校步骤，完成对远方指定接入设备的定值区切换操作，使其工作的当前定值区实时改变。

b. 定值修改：能够通过必要的校验、返校步骤，完成对远方指定接入设备的定值修改操作，使其保存的定值实时改变。应支持批量的定值返校和批量的定值修改操作。

c. 软压板投退：能够通过必要的校验、返校步骤，完成对远方指定装置的软压板投退操作，使其软压板状态实时改变。应支持批量的软压板返校和批量的软压板投退操作。

四、智能变电站保信子站与传统站的区别

（1）智能变电站保信子站功能一般由一体化监控系统集成，不配置独立的保信子站硬件和软件。

（2）智能变电站一体化监控系统（含保信子站功能）与保护装置、故障录波器接口基本都为光纤以太网接口，采用 IEC 61850（DL/T 860）标准以 MMS 协议通信。

（3）保信子站功能不再要求保护装置具备独立的保信子站接口。现有保护装置通常同时具备监控系统接口和保信子站接口，但保信子站接口在一体化监控系统集成保信子站功能时，就不再需要了。

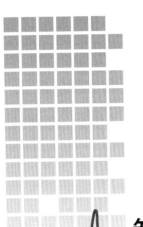

第四章

智能变电站继电保护实现技术

第一节　保护装置总体设计

一、装置设计要求与平台化设计思想

智能变电站数字化保护装置电气量采样值通过 SV 接口输入，开关量输入/输出通过 GOOSE 接口实现，装置通信口要求的数量比常规保护大大增加。GOOSE、SV 接口多为以太网光纤口或电口，SV 接口也可能采用同步串行光纤口。以太网接口需要独立接口控制器（独立 MAC）和协议解析软件，对装置软硬件的要求较高。大量光纤接口采用发光器件，热效应累加结果不可忽视，散热不好可能造成装置过热，影响正常运行和使用寿命。

数字化保护装置光耦开入接口、继电器输出接口比常规保护有所减少，但仍然需要。实际工程中还存在电子式互感器和传统互感器混合输入的需求。新设计保护装置应能满足模拟式开入插件和开出插件、交流输入插件与数字化通信接口（GOOSE、SV）插件的多种组合与混搭。

各种不同类型的保护，如线路保护、母线保护、变压器保护的功能配置不同，接口数量不同，插件配置要求不同，新设计的保护装置应易于扩展出系列化产品，适应多种应用需求。

Q/GDW 441-2010《智能变电站继电保护技术规范》要求，保护装置的功能实现应不依赖于外部对时系统。为满足此要求，保护装置需要采取相应的硬软件措施做采样数据的同步。实际中，有些工程不要求保护功能实现独立于外部对时系统，这样的保护装置需要设计可靠的对时接口。

总体来看，智能变电站对保护装置的功能要求更高，装置的设计比常规保护更复杂。为满足上述要求，最可行的方法是采用通用平台化设计。平台采用模块化设计、积木式结构，输入/输出插件可灵活配置，并具备可扩展性，以满足不同的接口需求。平台处理能力应满足大数据量、高实时性、复杂数字计算、支持以太网通信的要求。通用平台设计既包括硬件，也包括软件，软件平台配合硬件体系，配套工具软件配合嵌入式软件。

目前国内主流二次设备厂商在数字化保护设计中均已采用了上述设计思想。下面简要介绍一种符合上述设计思路的保护装置的体系结构。

二、装置总体架构——平台化设计方案

数字化保护装置通用平台架构如图 4-1 所示，该平台结构上分层，功能上分块。结构上按硬件、支撑软件、保护应用软件进行分层，每层功能又划分为相对独立的不同模块。可通过不同的插件、软件功能模块的组合，构建出多种不同类型的保护装置。这种结构实现了各层功能之间的解耦。保护应用与硬件配置通过支撑软件隔离，支撑程序提供统一编程接口，保护应用与支撑程序独立。平台结构清晰，扩展性好，适应性强。

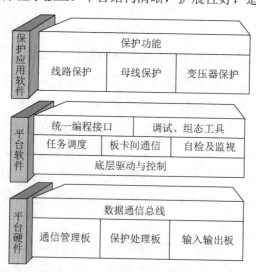

图 4-1　数字化保护装置通用平台架构

平台通过配置不同的板卡插件即可实现各种类型的保护装置，如图 4-2 所示。装置可以方便地实现传统互感器采样、电子式互感器采样、光耦开入、继电器输出、GOOSE 插件任意混合模式。电子式互感器可支持 IEC 61850-9-2 接口，也支持 IEC 60044-8 串行接口。IEC 61850-9-2 接口支持组网和点对点方式。GOOSE 接口和 SV 接口的数量可灵活配置，大量扩充。

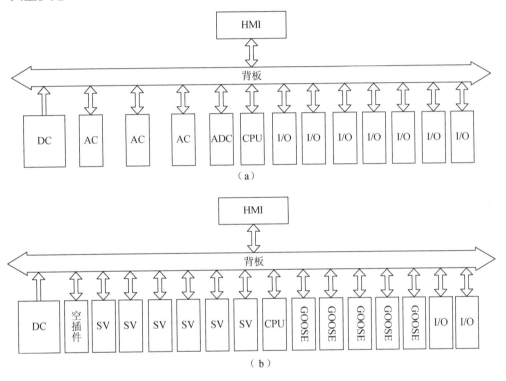

图 4-2　数字化保护装置硬件结构

（a）传统互感器采样、光耦开入、继电器输出；　（b）SV、GOOSE 接口输入、输出

DC——电源插件；AC——交流量输入插件；ADC——模/数转换插件；CPU——中央处理插件；

I/O——开关量输入/输出插件；SV——采样值输入接口插件；GOOSE——GOOSE 接口插件

图 4-3 所示为平台支撑软件的结构。平台支撑软件的设计思路是通过支撑软件来保证应用与硬件解耦。各种保护装置采用统一的支撑程序，包括录波、事件记录、显示打印、通信功能、定值管理程序等。目的是实现硬件板卡的升级或扩充不会带来应用软件的变更，同时各种保护装置风格统一、操作方式统一。

平台支撑软件包括板级支持包、支撑系统程序及通用功能三部分。板级支持包包括各种外设驱动、中断管理等功能；支撑系统程序包括任务调度及管理，定值管理，系统监视，板卡间数据通信、调试下载等；通用功能包括事件记录、故障录波、人机界面、通信、（网络）打印、定值管理等。

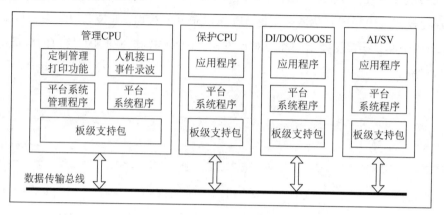

图4-3　数字化保护装置平台支撑软件结构

平台提供一套配置调试工具软件，可完成装置调试、研发测试、IEC 61850 模型配置等功能。具体包括以下几种：

（1）可视化后台调试工具：离线在线整定定值，查看、召回波形及历史事件，实时刷新突发事件。

（2）可视化研发调试工具：支持基于变量名的全景数据调试，支持程序在线升级、文件下装和上召。

（3）可视化装置功能组态配置工具：自动获取装置信息，可视化配置装置 IEC 61850 模型，并自动检查装置信息与模型信息的一致性。

三、装置核心结构

1. 硬件结构

装置的核心是一块 CPU 和一块 DSP（数字信号处理器）。CPU 负责总启动、人机界面及后台通信功能，只有总启动组件动作才能开放出口继电器正电源。DSP 负责保护功能，在每个采样间隔时间内对所有保护算法和逻辑进行实时计算。CPU 和 DSP 同时发出开出命令装置才会出口，使得装置具有很高的固有可靠性及安全性。ADC 芯片选用 8 通道并行同步采样 16 位高精度 ADC。CPU 与 DSP 的数据采样系统在电路上完全独立。

CPU 芯片采用 Freescale 公司的带协处理器功能的高性能 PowerPC（MPC8321），系统主频 333 MHz，片外 RAM 使用 DDR2 内存（DDR2 时钟为 266 MHz），同时支持 3 个具备独立 MAC 的 100 Mb/s 以太网接口。

DSP 芯片采用 ADI 公司的高性能浮点 DSP（ADSP 21469），系统主频 400 MHz，内置 5Mb SRAM，片外 RAM 使用 DDR2 内存（DDR2 时钟为 200 MHz）。

采用高性能处理器保证了平台处理能力满足大数据量、复杂数字计算的要求，并方便支持以太网通信。

图 4-4 所示为数字化保护装置的核心结构。为提供足够的实时处理能力，装置采用了基于多个 FPGA 的高速多通道同步串行数据硬实时交换技术。其中主 CPU 板为主结构单元。SV 板、GOOSE 板又称 CPU 子板。SV 板、GOOSE 板与主 CPU 板之间的数据传输物理层信号基于帧同步信号时钟信号 SCLK 和数据信号 DO（SPORTs 串行口）来实现，这 3 个信号共同构成高速同步串行接口的一个基本的单向数据信道。通过两组互为收发的数据通道的组合，形成了全双工的高速串行同步接口模块。每块 SV 板或 GOOSE 板可以扩展多个数据通道与主 CPU 板交换数据。同时，系统由主 CPU 板产生总的系统中断信号 INT，用于同步所有板卡的运行。图 4-4 中各个 CPU 板上所适用的 CPU 芯片一般为带并行总线接口的通用 CPU 系列，可以是常规的嵌入式 CPU、通用的数字信号处理器（DSP）或是微控制器（MCU）。本节所述交换技术的核心主要通过各个板卡 FPGA 芯片上的标准 IP 核（intellectual property core，知识产权核）来实现。IP 核是一段具有特定电路功能的硬件描述语言程序，该程序与集成电路工艺无关，可以移植到不同的半导体工艺中去生产集成电路芯片。IP 核经过验证，并可重复移植利用。

主 CPU 板与 SV 板、GOOSE 板的物理层数据通信采用全双工同步串行方式。帧同步信号 FRMSYNC 用于进行数据同步，时钟信号 SCLK 的变化沿着数据信

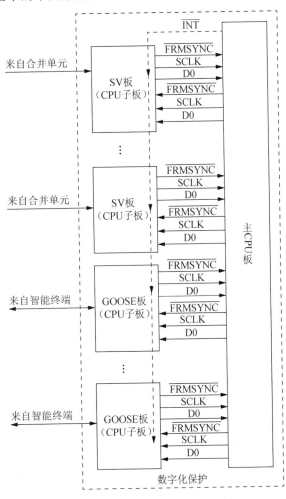

图 4-4 硬件核心结构框图

号 D0 进行位对齐，以便接收端采样数据。帧同步信号 FRMSYNC、时钟信号 SCLK 和数据信号 D0 在背板上采用低电压差分信号（LVDS）接口技术进行传输。物理层最高带宽设计为 50 Mb/s。

2. 数据存储与交换机制

数字化保护装置需要收发大量的实时数据，并且在多个 CPU 板卡间实现数据共享。

通用平台采用了图 4-5 所示的数据存储与交换机制。CPU 子板通过主 CPU 板进行数据交换及共享，同时主 CPU 板也具备数据处理功能。为了实现任意 2 个 CPU 子板之间的数据交换，主 CPU 板在系统初始化时可以灵活配置每个数据端口的数据流向、数据帧长度和内容，以及双口 RAM 的地址空间分配等信息，如图 4-6 所示。各板卡间交换的数据全部存储在位于 CPU 主板的大容量双口 RAM（DPRAM）中，双口 RAM 划分为若干区域，用于连续存放实时数据，每个区域的数据存储状态由数据缓冲区描述符 BD（buffer description）来表示。数据缓冲区描述符 BD 的内容包括该缓冲区数据是否有效、该缓冲区数据长度等信息。

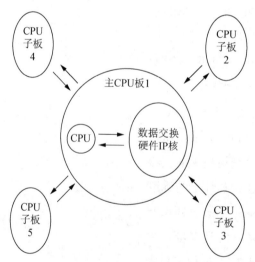

图 4-5　数据存储与交换机制

在采用上述的数据存储与交换机制下，任意两个 CPU 子板之间都可以进行数据实时传输，实现数据的共享。CPU 子板的内部结构如图 4-7 所示，作为数据交换的基本单元，CPU 子板每个信道设计成 IP 核的形式，以增强系统的可扩展性和可维护性。每个 CPU 子板至少有收、发两个数据通道，CPU 根据实际需要灵活配置数据信道是否使用、主从通信控制模式、时钟频率等。同时，CPU 子板在系统初始化时可配置数字化保护装置所需要实时交换的数据源、数据帧长度、内容、存储空间等配置信息。

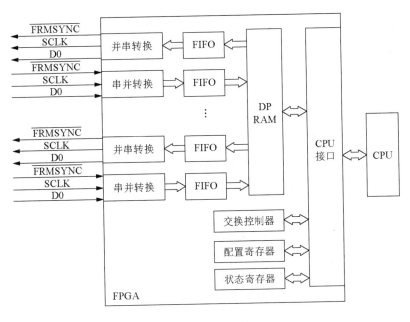

图 4-6 主 CPU 板结构图

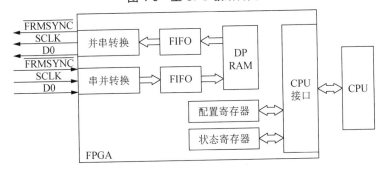

图 4-7 CPU 子板结构图

四、装置外围插件

数字化保护装置的外围插件有 HMI（人机接口）面板、电源插件、交流输入插件、低通滤波及 ADC 插件、光耦开入插件、信号插件、跳闸出口插件、SV 接口插件和 GOOSE 插件等。线路纵联保护装置还包括纵联光纤接口插件等。除 GOOSE、SV 插件外，其他插件与常规保护装置差别不大。需要说明的是，外围光耦开入插件、信号插件、跳闸出口插件也采用了智能 I/O 技术，即插件上引入了 MCU，MCU 统一管理开入、开出，通过通信总线与主 CPU 板接口。不少常规保护也已经采用了此项技术。以下主要介绍 GOOSE 和 SV 接口插件。

1. GOOSE 接口插件

GOOSE 接口插件采用 32 位高性能 CPU，利用大容量 FPGA 技术及 SPORT 总线技术设计，其功能框图如图 4-8 所示。图中，CPU 型号为 MPC 8321，自身支持 3 路以太网 MAC。这 3 路 MAC 均通过 DP 83640 型 PHY 实现以太网物理层接口。FPGA 与 CPU 通过 LocalBUS 接口相连，主要作用是：①扩展以太网 MAC 接口数量；②扩展 2 路 CAN 接口及对时管理等功能；③将来自于 GOOSE 网络口的 IEEE 1588 对时信号解码（可选）。GOOSE 插件与装置的 CPU 插件的通信见图 4-4。

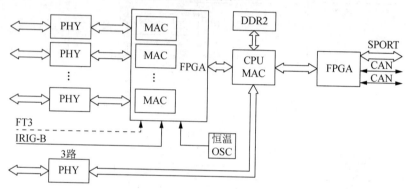

图 4-8　GOOSE 接口插件功能框图

GOOSE 接口插件还包括 IRIG-B 码对时接口，采用光纤接口或 RS485 差分电平输入。

2. SV 接口插件

SV 接口插件采用低功耗 32 位高性能 DSP，利用大容量 FPGA 技术及 SPORT 总线技术设计。单个插件功能框图与图 4-8 基本相同，不同之处在于还可以扩展 FT3 帧格式的同步串行接口。对于外接 SV 端口较多的情形，装置可以配置多个 SV 接口插件。

SV 接口插件中 FPGA 主要完成外围器件控制；对接入的 IEC 60044-8、IEC 61850-9-2 和 IEEE 1588 报文进行硬件解码，在对 IEEE 1588 报文解码的同时锁存当前系统时钟；FPGA 总线接口用于各采样值模块之间信息交互；SPORT 总线用于 SV 接口插件向主 CPU 板传送采样数据，供保护使用。

SV 接口插件的软件结构框架见图 4-9。其中装置同步模块读取 IEEE 1588 报文和时钟进行逻辑处理，对装置时钟进行同步。低通模块对采集的原始信号进行低通滤波。板件调度模块负责各个采样值接口模块调度，如主从时钟、异常情况下重采样时间计算等。重采样模块完成信号窗的选取、插值及品质异常等处理。输出模块传送实时采集信息到保护模块。信息交互模块完成各个采样值接口模块之间的信息交互，如插件的异常信息等。

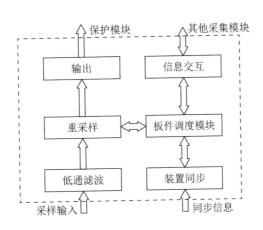

图 4-9　软件结构框架图

采用以上方案的 SV 接口插件，将传统保护的采样独立出来，不影响成熟的保护算法，减少了保护模块修改时间及修改带来的不确定性，缩短了固定设置重采样时间带来的数据滞后性。例如对于保护装置每工频周期 24 点中断，外部信号每工频周期 80 点输入，重采样时间选在中断时刻情形下，采用该种方案设计，将使得保护获取到的数据提前约 500 μs。

第二节　采 样 技 术

一、电子式互感器的采样及数据同步

1. 电子式互感器的采样过程

传统的电磁式互感器输出连续的模拟量，各路模拟量之间基本同步，相互间的差别仅在于各互感器传变角差的不一致。而按照统一的互感器设计制造标准制造的互感器，传变角差的不一致性很小，以致在实际工程应用中可以不计。

电子式互感器（含 MU）和保护装置的采样总体过程如图 4-10 所示，图中以某型号罗氏线圈原理的电子式电流互感器为例。

电子式互感器在模拟式（电磁的或光学的）传感头之后，增加了模/数转换与数字处理部分，于是引出了数据同步问题。根据电子式互感器的构成原理不同，其采样环节可能在高压端，也可能在低压端。

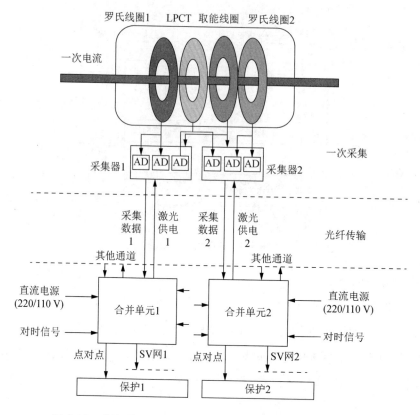

图 4-10　电子式互感器（含 MU）和保护装置的采样总体过程

（以某型罗氏线圈原理的 ECT 为例）

2. 电子式互感器的同步问题及同步方法

（1）电子式互感器的同步问题

电子式互感器的同步问题包含以下 4 个层面：

① 同一间隔内的各电压、电流量的同步。本间隔的有功功率、无功功率、功率因数、电流、电压相位、各序分量、线路电压与母线电压的同期等问题都依赖于对同步数据的测量计算。IEC 60044-8 规定，每间隔最多可有 12 路的测量量经同一合并单元处理后送出，送出的这 12 路测量值首先必须是同步的。

② 关联多间隔之间的同步。变电站内存在某些需要多个间隔的电压、电流量的二次设备，典型的如母线保护、变压器差动保护、集中式小电流接地选线等装置，相关间隔的合并单元送出的测量数据应该是同步的。

③ 关联变电站间的同步。输电线路保护采用数字化纵联电流差动保护如光纤纵差保护时，差动保护需要线路各侧的同步数据，这有可能将数据同步问题扩展到多个变电站之间。

④ 广域同步。大电网广域监测系统（WAMS）需要全系统范围内的同步相角测量，某些基于广域信息的控制和保护功能需要广域的同步采样值。在未来大规模使用电子式互感器的情况下，这可能导致出现全系统范围内采样数据同步。

（2）电子式互感器的同步方法

IEC 60044-8 规定了电子式互感器数据同步的两种方法，即脉冲同步法与插值法。

IEC 60044-8 规定每个合并单元必须具备 1 个 1PPS 秒脉冲时钟接口，以接收全站统一的采样同步信号，靠此同步信号来实现变电站级的数据同步。这就是所谓的脉冲同步法。同一合并单元内，可以参照 1PPS 脉冲信号，将其作 K 倍倍频后产生同步采样启动信号，K 即为每秒采样点数（采样率）。对于在低压侧作 A/D 变换的无源式 ECT/EVT，实施起来相对简单；对于在高压侧作 A/D 变换的有源式 ECT/EVT，同步脉冲信号需变换成光信号经光纤传送到高压端。

若要避免低压端向高压端传送信号的复杂过程，可以采用插值法。各路测量环节 A/D 变换部分只进行异步采样，而在合并单元中用插值法计算出各路电流、电压量在同一时刻的采样值。各间隔的合并单元中如果没有进行过站级同步，其数据也可以用插值法同步，如图 4-11 所示。这种方法也称重采样技术。

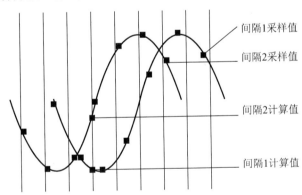

图 4-11　插值法数据同步示意图

脉冲同步法可以解决同间隔内各路测量值之间、各关联合并单元之间的数据同步，对关联变电站之间的同步乃至广域的同步也都可以适应。当然此时它需要更大范围内的统一基准同步信号，如 GPS、北斗或伽利略卫星对时等。如前所述，这种方法用在合并单元内部时，需要将同步采样启动信号反送到高压端，给实际工程实现增加了困难。另外，在采用光纤纵差保护的输电线路两端，传统的靠调整采样时刻来保持数据同步的方法将不再适用（站内已经统一同步采样而站间未同步时）或没有必要（站间已同步时）。由于 IEC 60044-8 对二次设备到合并单元方向的报文不提倡（未见文献述及），调整采样时刻也会遇到困难。此外，保护装置依赖于 GPS 时的可靠性也需要研究和探讨。

应用插值法时，合并单元仅单方向接收测量部分发送的采样值，而如果利用数值插值计算则会得到同时刻测量值。

数值插值同步机制简单，但必然引来方法误差。不同的插值方法有不同的精度、计算量、可靠性与应用范围。为获得最佳的插值效果，有必要对各种方法做定量的数学分析。

考察适用的插值法，主要包括 Lagrange 插值、Newton 等距节点插值、分段样条插值、最小二乘法等。本节从最简单的 1 阶线性插值入手，探讨插值法的一些特性。

3. 分段线性插值及其误差分析

合并单元收到每路测量量的每个采样值时，记下相应的时刻，在进入循环的第一个起始参考时刻点上，每一路的测量量在其前后都会有一个采样值，根据前后点与此时刻的时间差的比，利用线性插值法可以得到一个"近似值"。所有路的测量量"近似值"都是此参考时刻的，参考时刻按固定间隔时间后移，计算不断循环，于是输出端得到连续的"同步采样值"。

采样点经过插值法同步以后，可以认为插值后的采样序列与原序列相位是完全同步的（不计数值计算误差），如图 4-12 所示，但幅值上线性插值点与真实瞬时值之间必然存在误差，因此对此误差必须做严格分析。

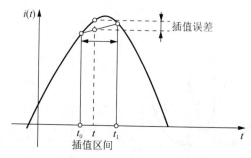

图 4-12　误差产生示意图

1 阶线性插值的数学模型可以表述为：已知函数 $i(t)$ 在区间 $[t_0, t_1]$ 上的离散点 $[t_0, i(t_0)]$ $[t_1, i(t_1)]$，用 Lagrange 插值多项式

$$L(t) = \frac{t - t_1}{t_0 - t_1} i(t_0) + \frac{t - t_0}{t_1 - t_0} i(t_1) \tag{4-1}$$

作为 $i(t)$ 的近似，现在要分析其误差。由 Lagrange 插值误差公式知

$$R(t) = |i(t) - L(t)| = \left| \frac{1}{2} i''(\xi)(t - t_0)(t - t_1) \right| \tag{4-2}$$

式中：$R(t)$ 为插值误差式；$i''(\xi)$ 为 $i(t)$ 的 2 阶导数 $i''(t)$ 在区间 $[t_0, t_0]$ 上的某个值 ξ 处的值，

$\xi \in \left[t_0, t_1\right]$。此处 $i(t)$ 表示电力系统实际电流波形，在理想稳态下，电流中只有基波；在暂态下，电流含有衰减直流分量、稳态交流分量等。统一的表达式通常可以表示为直流分量与各整数次谐波（含基波，下同）的叠加，如式（4-3）所示。

$$i(t) = I_0 + \sum_{n=1}^{\infty}\left[I_n \sin\left(n\omega t + \varphi_n\right)\right] \tag{4-3}$$

式中：I_n、φ_n 分别为基波与各次谐波的幅值与初相角；I_0 为直流分量；ω 为基频角频率，$\omega = 2\pi f = 100\pi$；n 为谐波次数，对于基波 $n = 1$。$t_1 - t_0 = 0.02/N$，N 为每期采样点数。

由于

$$i''(t) = -\omega^2 \sum_{n=1}^{\infty}\left[n^2 I_n^2 \sin\left(n\omega t + \varphi_n\right)\right] \tag{4-4}$$

可得

$$R(t) = \left| -\frac{1}{2}\omega^2\left(\xi - t_0\right)\left(\xi - t_1\right)\sum_{n=1}^{\infty}\left[n^2 I_n^2 \sin\left(n\omega\xi + \varphi_n\right)\right]\right| \tag{4-5}$$

由于 φ_n 与 t 无关，可取任意值，故有

$$R(t) \leqslant \left| -\frac{1}{2}\omega^2\left(t - t_0\right)\left(t - t_1\right)\sum_{n=1}^{\infty}\left(n^2 I_n^2\right)\right|$$

$$= \frac{1}{2}\omega^2 \sum_{n=1}^{\infty}\left(n^2 I_n^2\right)\left|\left(t - t_0\right)\left(t - t_1\right)\right| \tag{4-6}$$

式（4-6）中第二个绝对值符号内的项在 $t = \left(t_0 + t_1\right)/2$ 处取得最大值，又由于 $t_1 - t_0 = 0.02/N$，故

$$R_{max} = \frac{4.935}{N^2}\sum_{n=1}^{\infty}\left(n^2 I_n^2\right) \tag{4-7}$$

式中：R_{max} 为 $R(t)$ 的最大值。

由式（4-7）中可以得出如下重要结论：

（1）R_{max} 不含直流分量。原电流中的直流分量不会因为插值法产生误差，极限的形式是若对稳恒直流做插值，得到的结果将会与真实结果完全一致。

（2）插值误差由各次谐波（含基波）的线性组合而成，各次谐波的采样值经插值法产生的误差最大值为 $\frac{4.935}{N^2}n^2 l_n^2$。谐波次数越高，对误差的贡献率越大。

（3）对每周期采样点数 $N = 12$ 的情况，基波最大采样值误差为 3.42%；对 $N = 24$，基波最大采样值误差为 0.86%；对 $N = 48$，基波最大采样值误差为 0.21%。对各种只关心基波分量的保护而言，$N = 24$ 时精度已经足够。

4. 插值法误差数值仿真计算

由最大误差的推导过程可知，各次谐波分量（含基波分量）的误差规律是相同的，对基波的仿真分析结果可推导得到其他次谐波，而直流分量的影响不需要特别考虑。利用 ADI 公司 SHARC 系列 32 位浮点数字信号处理器的软件仿真器对各种误差进行数值仿真计算，每周期 12 点采样时，插值采样值误差最大为 3.44%，每周期 24 点采样时，插值采样值误差最大为 0.90%，验证了上述误差计算结果。采样率 $N=24$ 时的仿真内容如下：

（1）输入幅值为 A 的正弦信号时，以 1°为步长，在 0°～14°共 15 个初相角下，计算每个采样间隔（插值区间）内可能的最大插值误差，15 种初相角下各区间（共 24 个区间）最大误差依次罗列如图 4-13 所示。结果插值采样点绝对误差值小于 $0.009I_1$，与计算误差 0.86%吻合。

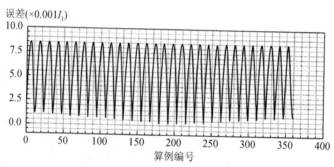

图 4-13　稳态采样值误差图

（2）考虑最严酷的暂态过程，对暂态信号用 $i(t) = I_1 \sin(\omega t) = I_1 \mathrm{e}^{-t/T}$ 来仿真，时间常数取 80 ms，计算方法同上，得绝对误差不大于 $0.009I_1$，这与计算误差 0.86%吻合，且直流分量几乎没有影响。15 种初相角下各区间最大误差依次罗列如图 4-14 所示。

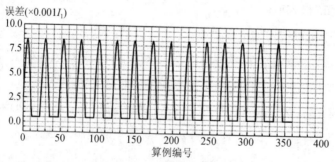

图 4-14　暂态采样值误差图

插值后的每个采样点的误差不大于 $0.9\% I_1$。但由新生成序列计算出的幅值与相角误差尚需分析。对新生成序列利用傅里叶算法求出其幅值与初相角。仍需考虑以下两种情况：

① 输入幅值为 I_1 的正弦信号时，以 $1°$ 为步长，在 $0° \sim 14°$ 共 15 个初相角下，对每种初相角的正弦信号做插值，插值点位置遍取区间内 $0:15$、$1:14$、…、$14:1$ 共 15 种比例，共得 225 种算例，罗列幅值误差如图 4-15 所示，相位误差如图 4-16 所示。

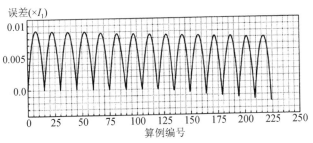

图 4-15　稳态幅值误差图

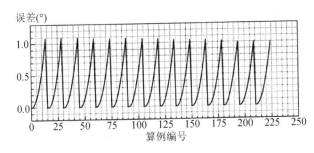

图 4-16　稳态相位误差图

由图 4-15 和图 4-16 可知，幅值误差小于 1.0%，相位误差小于 $1.1°$。

② 输入同上文中的暂态信号时，用同样的处理方法，得幅值误差如图 4-17 所示，相位误差如图 4-18 所示。

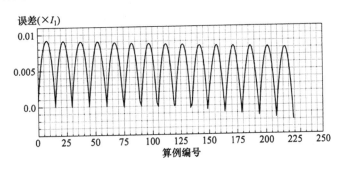

图 4-17　暂态幅值误差图

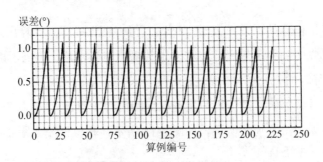

图 4-18　暂态相位误差图

由图 4-17 和图 4-18 可知，幅值误差小于 1.0%，相位误差小于 1.1°。

IEC60044-8 规定电子式互感器的采样频率可取为 20 点/周期、48 点/周期或 80 点/周期，采用线性插值法进行数据同步时，建议取 48 点/周期或 80 点/周期的采样率。线性插值法对绝大多数保护设备而言，其误差可满足精度要求。

2 阶 Lagrange 插值、Newton 等距节点插值、分段样条插值、最小二乘法等方法的误差分析与仿真计算与线性插值法基本一致，本书不再详细分析。

二、数字化保护装置的采样

如图 4-19 所示，传统保护装置的中央处理器 CPU（或 DSP，下同）与模数转换器（ADC）设计在同一装置中，很多还安装在同一块电路板中。CPU 的输入/输出口可以直接控制 ADC，启动模数转换并将其转换结果直接读到 CPU 内存中来。ADC 的输入端输入的是模拟量信号，持续存在，CPU 在任何时候启动 ADC 都有输入信号存在供采集。在采样数据的过程中，CPU 是主动的，定时对模拟量输入进行采样，控制的方向是从 CPU 向

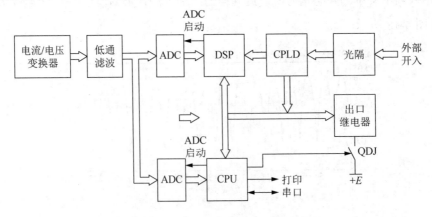

图 4-19　传统保护装置的采样过程

外部设备。CPU 按固定的时间间隔（采样间隔 T_s）去采样数据，然后进行保护原理与逻辑功能的计算，按计算判断的结果决定是否发出跳闸命令，如此周而复始。由于 T_s 固定，保护原理与逻辑功能的计算、判断的耗时也可从容安排，使其最长不超出 T_s。

以上是传统保护装置的采样数据传送与获取机制，在数字化保护装置中，上述机制有较大的变化。较常用的采样技术采用的是数据源主动传送（数据源驱动）机制和信箱式传送机制。

1. 数据源主动传送机制

数字化保护装置中只包含 CPU，不包含 ADC，保护装置获取数据是通过通信口传送的。该通信口与电子式互感器的合并单元（MU）连接，从其中获得数据，而合并单元也可能不包含模数转换功能，其数据由电子式互感器的转换器传来，模数转换在该转换器内完成。模数转换的启动命令由 MU 控制，采样频率也由 MU 控制，保护装置只是被动地接收 MU 发来的采样数据。在现有的数字化保护装置设计方案中，MU 的数据经通信口直接送给保护装置的 CPU。通信通道上每送来一帧数据，CPU 就接收一帧，随即进行保护原理与逻辑功能的计算。CPU 是被动的，控制的方向是从 MU 向 CPU，采样数据的传送过程由数据源驱动。

该方法在从 MU 到 CPU 传送数据的环节不会增加额外的延时，延时最小，实时性最好。

但该方法也存在很大的缺点，体现在以下几方面：

（1）MU 采样频率是固定的，但从 MU 向保护装置发送数据的过程延时受通信通道工况的影响可能不稳定，变化可能较大，这导致 CPU 接收数据的时间间隔变动幅度太大，导致接下来的保护原理与逻辑功能运算的耗时不易安排，极易出错。特别是当电子式互感器及其合并单元经交换机传递采样值时，受过程层网络工况的影响，二次传输延时可能会不稳定，且变动幅度较大，最大的变动幅度可能近 4 ms。

（2）MU 采样频率快于传统保护的采样频率，CPU 的原有节奏被打破，对保护 CPU 中程序执行方式影响巨大。要由传统保护程序升级到数字化装置保护程序，改动工作量巨大。

（3）传统保护程序大量使用以定时采样中断（周期为 T_s）的计数值作时间标度的定时软件模块，现在将不得不调整。

2. 信箱式采样数据传送机制

数字化保护装置开发的开发工作，为节省时间、人力成本，减少工作量，希望最大限度地继承原有的传统保护的程序，为此设计了如下的信箱中转式采样数据传送机制，使得数字保护 CPU 程序的运行模式与传统保护程序基本相同，也就可以最大限度继承原有程序。

如图 4-20 所示，MU 向信箱不断发送数据，信箱收到数据的时间间隔可能是长时间稳定不变的，也可能是不稳定的。信箱收到数据后存储，等待保护 CPU 来取，并在数据被取走后删除，以维持缓冲区不溢出。CPU 仍按传统保护的定时处理机制执行程序，在每个定时间隔开始时到信箱内取数据，每次将最新的数据取走。

图 4-20 信箱式采样数据传送机制

信箱另具有一个计时器，该计时器在每一次信箱中数据被取走时置零。有了该计时器，信箱在每次收到一帧新的数据时，就可以记下该帧数据收到时的时标，CPU 来取数据时，同时取走每一帧数据的时标，这样 CPU 就可以知道每帧数据在信箱中等待的时间。如图 4-21 所示，时刻的数据在被取走之前在信箱中等待了 $T_s - t_1$ 的时间。数据在信箱中等待的时间能够被 CPU 获取，这一点很重要，因为在很多情况下 CPU 中保护功能的实现要依赖于数据在传送过程中的延时这一参数。

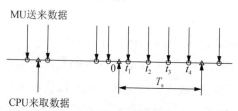

图 4-21 信箱式采样数据传送机制延时分析

该方法在从 MU 到 CPU 传送数据的环节，由于机制的原因而产生的延时最多为 CPU 两次取数据之间的间隔时间，即 CPU 的一个定时间隔时间 T_s，如图 4-21 所示。

采用这种机制以最小的延时代价维持了传统保护的程序执行方式不变，程序的改动工作量最小。

该机制中的信箱是一块可以完成上述数据接收、存储、转发的电子电路，可以是一片微控制器（MCU），一片 FPGA（现场可编程门阵列）或一片 CPLD（复杂可编程逻辑器件）等电子器件。该电路与保护 CPU 设计在同一机箱中，CPU 可以方便地、无延时地读取其中的数据。

下面给出某型数字化保护装置中按上述机制实现数据传送的一种实施方式。

如图 4-22 所示，信箱是一片 FPGA（现场可编程门阵列），型号为 XILINS 公司的 XC3SD1800A。该芯片外接一片 MCU，型号为 FREESCALE 公司的 MPC8247。该 MCU 以内存映像的方式向 FPGA 发送数据，以网口接收电子式互感器的合并单元（MU）送来的采样数据。FPGA 与 MCU 设计在同一块电路板上，称为信箱电路板。FPGA 与保护 CPU 之间通过 CPU 原来具有的串行外围总线（SPI）传送数据。CPU 可以方便地、无延时地读取 FPGA 的数据及其时标。定时间隔 T_s 保持为原来的 0.417 ms。FPGA 内部设计有一个 16 位的计时器，用于对每一帧从 MCU 送来的数据打时标。

图 4-22 信箱式采样数据传送机制的实现方式

下面分析如何确定 CPU 从 FPGA 中取数据的速率。

由于 MU 经 MCU 向 FPGA 中送数据受过程层网络的影响，延时是不固定的，FPGA 收到数据的时间间隔可能是均匀连续的，也可能是某时间段没有数据到来，而后一段时间数据扎堆到来，为能适应这种数据流的速率变化，需要确定取走数据的速率与送来数据的速率的合理比值。

在前例中，MU 的采样率为 48 点/20 ms，采样间隔为 0.417 ms，保护装置的定时中断时间也为 0.417 ms。考虑极端情况，MU 向 FPGA 送数据有 4.17 ms 的延时，则在 4.17 ms 内 FPGA 没有收到数据，而在此期间 MU 产生了 10 帧数据，而后在下一个定时中断间隔内这些数据又扎堆到达 FPGA，CPU 需要以合理的速率把这些积压的数据取走。

设 1 个采样间隔时间（0.417ms）内 MU 向 FPGA 送来 1 帧，同时 CPU 可取走数据的速率为送来数据速率的 n 倍，即 z_i 帧。若由于传输过程的原因，4.17 ms 内没有送来数据，而在其后，在一个采样间隔后扎堆送来 10 帧数据，这样 FPGA 中积压了 10 帧数据。设在其后 m 个采样间隔时间 DSP 可把数据全部取走，则 m 与 n 之间有如下关系

$$10+m=mn$$

变化形式为

$$n =10/m +1$$

表 4-1 列出了 m 与 n 对应的几组数据。

表 4-1 m 与 n 的对应表

m	1	2	3	4	5	6	7	8	9	10	≥11	240
n 原值	11	6	4.33	3.50	3	2.67	2.43	2.25	2.11	2	…	50/48=1.04
n 取整	11	6	5	4	3	3	3	3	3	2	2	

从表 4-1 中可以看出，若取走数据的速率不够大，比如取走数据的速率为 50 次/20 ms，取走为送来的 50/48=1.04 倍，相当于 n =1.04，要送完一次积压的数据需要 240 个采样间隔，为 100 ms。在这 100 ms 内总计会送来 10+240=250 帧数据，倘若在这 100 ms 内又出现数据反复扎堆的现象，数据也可能会出现反复积压的情况，致使传输过程中一旦出现一次传输延时不稳定，在之后很长的时间内都无法再恢复到原有小延时的状态。

若 n 取 3 倍以上，积压的数据可在 5 个定时中断时间内取完，通信状态在 2.08 ms 内即可恢复到正常。在此处的实例中，根据原有程序与装置硬件现状，取 n=2，即每个定时中断内 CPU 从 FPGA 中取走 2 帧数据，这样，一旦数据出现积压现象，在 10 个定时中断 4.17 ms 内，数据通信可恢复到正常状态。

总之，保护装置采用信箱式传送机制接收采样数据，使得保护 CPU 程序的运行模式与传统保护程序基本相同，可以最大限度继承原有传统保护程序。采用这种机制以最小的延时代价维持了传统保护的程序执行方式不变，程序的改动工作量最小，付出的代价仅仅是最多 1 个采样周期的延时。需要提醒读者的是，应用该方法时，保护处理器从信箱中取数据的速率要大于 MU 向信箱发送速率的 2 倍以上。

三、数字化线路光纤差动保护的采样数据同步

智能变电站数字化保护装置中，线路光纤差动保护装置是较为复杂的一种，因为它除了要面对数字化保护装置设计开发的共性问题外，还要解决两侧保护装置接入不同类型互感器时采样数据同步的问题。与传统光纤差动保护装置相比，数字化光纤差动保护存在以下困难：

（1）按照 IEC 60044-7/8 制造的电子式互感器（以下称 ET）及其合并单元（MU），不具备接收从保护装置到 MU 方向的控制命令（如采样时刻调整）的接口，以致目前广泛使用的通过调整采样时刻实现两侧数据同步的方法在 ET 接入的光纤差动保护装置中不能适用。

（2）线路一次电流经 ET 变换，再经合 MU 传送到保护装置的过程存在比较明显的延

时，一般在几百微秒以上，甚至超过 1 ms。

（3）先期投运的数字化变电站中的线路对侧互感器仍然是传统互感器，光纤差动保护装置要能适应这种一侧是 ET 接入，另一侧是传统互感器接入的情况。

（4）电子式互感器采用 KC61850-9-2 接口经交换机输出采样值时，受过程层网络工况的影响，二次传输延时可能会不稳定，且变动幅度较大，最大的变动幅度可能将近 4 ms。

由于以上四个方面的困难，在传统光纤差动保护中应用良好的数据同步方法将不能或不能直接应用于 ET 接入的光纤差动保护装置中。

1. 常规采样数据同步方法的局限

现有的各种光纤差动保护装置数据同步方法按传输内容可分为两种，一种传送相量，另一种传送采样值；按两侧装置采样是否同步来分，可分为同步采样与异步采样两种。从保护原理实现以及动作快速性等方面来讲，总是希望能够在每一个采样间隔内得到对侧的同一时刻采样值，因此采样时刻调整法应用范围较广，效果较好。

采样时刻调整法分两个时段完成，第一时段是保护上电后的初始调整过程，第二时段是两端同步后对采样时间误差的不断调整过程。在这两个过程中，采样时刻调整法需要由保护 CPU 向 AD 采样电路发送不断调整的采样命令，而在 ET 接入的保护体系中，AD 采样电路或光路不在保护装置中，而是在 MU 或 ET 的二次转换部分。按照 IEC 60044-7/8 制造的 ET 及其 MU，并不具备接收从保护装置到 MU 方向的控制命令（如采样时刻调整）的接口，这样一来导致通过调整采样时刻实现两侧数据同步的方法在 ET 接入的光纤差动保护装置中不能适用。

2. 对 GPS 同步法的分析与评价

使用全球定位系统 GPS 为整个差动保护系统提供一个统一的高稳定的基准时钟，来实现采样数据的同步是一个简单直接的方法。无论 IEC 61850 标准还是 IEC 60044-8 标准，都明确提到了该方法。在工程中，GPS 也早已是厂站自动化系统的标准配置，设备基础是容易满足的。

如图 4-23 所示，该方法采用 GPS 接收机接收天空中全球定位系统卫星发送的时间信息，通过对收到的信息进行解码、运算和处理后，从中获取到秒脉冲信号 1PPS（1 Pulse Per Second）。该脉冲信号的上升沿与国际标准时间 UTC（universal time coordinated，又称协调世界时）的同步误差不超过 1 μs。

两侧 MU 装置的采样脉冲信号每秒接收 1PPS 信号同步一次（相位锁定），保证采样脉冲信号的脉冲前沿与 UTC 同步。1PPS 经倍频后变成 ET 的采样频率，发送到 ET 的 AD 转换部分，启动 AD 采样。这样一来，两侧 ET 的采样脉冲信号之间是完全同步的，其误差不会超过 2 μs。

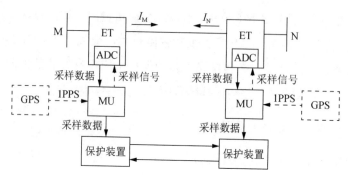

图 4-23　ET 接入的光纤差动保护装置两侧连接示意图

两侧各相 ET 经同步采样得到的数据先经 MU 合并打包成帧，然后送给各自侧保护装置。IEC 61850-9-2 和 IEC 60044-8 规定的 MU 输出采样数据报文中，包含一个 16 位的样本计数。该计数值本质上就是对采样时刻的标号，差动保护计算时，装置只要对齐两侧采样数据的标号即可。

采用 GPS 秒脉冲来同步两侧 TA 采样时刻的方法固然简单方便，但方法本身依赖于除保护装置本身和 MU 之外的外部设备，特别是 GPS，一向被继电保护业界认为降低了保护装置的可靠性，不能充分满足要求。另外，使用他国控制的 GPS 系统，可能会受国际政治、军事关系的影响。我国电力系统对高压线路光纤电流差动保护使用 GPS 进行数据同步的做法似乎也不接受。国内主流继电保护产品无一使用 GPS 同步采样数据。基于 ET 接入的线路光纤差动保护装置希望有更可靠的数据同步方式。

四、改进插值法数据同步

1. 插值法数据同步的基本过程

针对上述问题，我们提出一种不依赖于 GPS 同步，而通过插值实现数据同步的方法。该方法可以在不调整采样时刻的情况下通过插值得到"虚拟"的同步采样值。

采用插值法实现数据同步时，两侧保护不分主从，地位相同。每侧保护都在各自晶振控制下以相同的采样率独立采样。每一帧发送数据包含发送和响应帧号、电流采样值及其他信息，电流采样值是对应某一采样时刻未经同步处理的"生数据"。在假设两侧接收数据通道延时相等的前提下，接收侧采用等腰梯形算法计算出通道延时进而求出两侧采样偏差时间Δt。保护装置根据对侧采样点时刻在本侧找到紧邻同一时刻前后的两个采样点，对此两点做线性插值后的得到同步采样数据，整个过程如图 4-24 所示。图中两条横线皆为时间轴，上方轴上小圆圈点表示对侧采样时刻点，下方轴上叉形点表示本侧采样时刻，t_a、t_c 标示出了其中的两个时刻，t_m 为对侧回送延时，Δt 为两侧采样偏差时间，t_b 为插值时刻点。

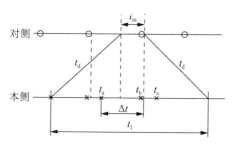

图 4-24　插值法数据同步过程示意图

使用该方法可以有效解决本节第三部分提出的第（1）个问题，同时不依赖于 GPS。

插值法同步过程在插值环节带来了一定的理论误差，分析表明，在现有技术条件下，插值法误差完全可以满足继电保护的要求。通过插值实现光纤差动保护数据同步的方法在某型传统互感器接入的线路保护装置中已成功应用多年。

下面在该方法的基础上讨论如何改进，以解决本节第三部分提出的其他问题。

2. 插值法数据同步的改进

现有的各种不依赖于 GPS 的数据同步方法，包括插值法，应用的立足点都是在传统互感器接入的基础上。在这一应用基础上，一个隐含的前提是装置在二次侧某时刻得到的采样值就代表了同一时刻（差别极小以至可以忽略差别）的一次侧的量值，在装置（二次侧）实施的数据在时间维度上的同步处理，与在一次侧处理是等效的。

ET 接入的光纤差动保护，两侧一次电量变送到二次侧会有延时，首先考虑两侧二次变送延时都稳定的情况。如图 4-25 所示，图中 4 条横线皆为时间轴，轴上各点皆为时刻点。M1、M2、M3（N1、N2、N3），代表本侧（对侧）ET 的采样时刻，由于 ET 采样部分晶振的相对稳定性，在较长的时间内是等间隔的（M1 与 M2 之间的间隔时间与 N1 与 N2 之间的间隔时间肯定存在微小的差别，但对分析没有影响，又由于量值太小，可忽略）。设本侧电量经 ET 变送延时 t_{e1} 到达二次侧保护装置，对侧电量经 ET 变送延时 t_{e2} 到达二次侧保护装置，两侧测量值的交换与同步过程在二次侧即保护装置之间完成。若按照前文插值法的处理过程，在本侧 m1 点（m1 时刻）发送一帧数据报文给对侧，对侧在收到报文之后于 n2 点回送一帧数据报文，该报文中包含回送延时 t_m，本侧装置于 mr 时刻收到对侧回送报文。在假设通信通道双向延时相等的条件下，本侧装置可根据式 $t_d = (t_{mr} - t_{m1} - t_m)/2$ 算得通道延时 t_d，进而推断对侧 n2 时刻对应本侧的 mr 点之前 t_d 时间的 mc 点时刻。

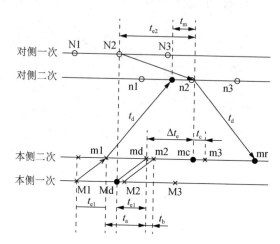

图 4-25 改进插值法数据同步过程示意图

传统插值法在 m2 和 m3 点之间通过插值求得虚拟的 me 点采样值，me 点与对侧 n2 点同步。但在 ET 接入的情况下，需要对上述方法进行修正。修正的原则是保证在二次侧实施的同步过程可使得参加差动计算的两侧一次电流值是同一时刻的，即同步的。图 4-25 中的对侧二次 n2 点对应到一次侧为 N2 点，两者间隔 t_{e2}，N2 点对应本侧一次侧为 Md 点，再对应到本侧二次侧为 md 点，Md 与 md 点之间的间隔时间为 t_{e1}。由图可知，md 与 me 之间的间隔要使两侧一次电量在二次侧处理成同步，插值点应由 me 点前推Δt_e 时间至 md 点。本侧保护装置在存储的本侧采样数据中找到紧邻 md 点前后的两个采样点，对此两点做线性插值后即得到同步采样数据。

两侧保护装置的处理机制是对等的，对侧用与本侧相同的方法一样可通过插值计算得到同步采样数据。

以上过程的前提条件有两个：一是保护装置之间的通信通道双向延时相等，这与传统光纤差动保护的数据同步方法的前提是一样的，在工程中也是完全能保证的；二是两侧的二次变送延时是稳定的，这一条件在 MU 输出接口采用 IEC 60044-8 标准的点对点串行接口或 IEC 61850-9-2 标准的点对点以太网接口时是完全可以满足的。因此可以说，本节第三部分提出的第（2）个问题，只要 MU 输出时使用点对点直连接口，保护装置采用这里提出的改进插值法进行数据同步即可解决。

MU 使用点对点直连接口向保护装置输出数据时，整个系统二次传变延时是可计算，也可实测出来的。由于该延时稳定，可在事先测出后，以整定值的形式通知保护装置。二次传变延时由以下 4 个部分组成：

（1）从 ET 的 AD 采样启动开始到 MU 收到采样数据的延时。该延时在 IEC 60044-8 中有规定，额定为 2 或 3 个采样周期时间。如 NAE-LOSZB-220W 型全光纤电流互感器，其采样周期为 250 μs（采样速率为 80 点/20 ms 时），额定延时为 2 个采样周期，计500 μs。

（2）从 MU 处理器接收到 AD 数据然后进行处理、打包成帧开始，到处理器开始从串行口发送第一帧数据的时间。该时间不易直接计算，但可实测得到。

（3）MU 处理器通过串行口向保护装置发送完一帧完整的数据报文的时间。该时间可由数据速率的倒数和传送字节总数相乘得到。IEC 60044-8 扩展协议帧格式规定 MU 数字输出接口速率为 10 Mb/s，每帧报文长度为 74 字节，共 592 bit，总计耗时可计算得知为59.2 ms。

（4）从保护装置处理器接收到 MU 传来的数据然后进行处理到将数据用于同步过程的时间。该时间也可经测算得到。

以上 4 个部分的总和即为整个二次传变延时。

对本节第三部分第（3）个问题所提的一侧 ET 接入，一侧传统互感器接入的情况，只要将传统互感器的二次变送延时视为零值，问题即迎刃而解。

图 4-26 所示的数据传送与同步的过程分析，给我们一些一般性的启示：

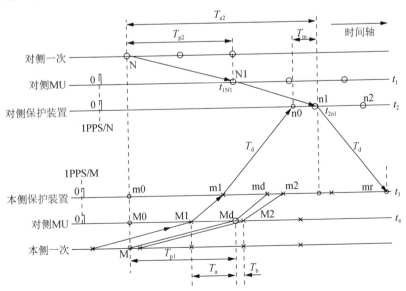

图 4-26　改进插值法数据同步过程示意图

（1）数据同步的目标，始终是要保证参加差动运算的电压、电流值追溯到一次侧是同一时刻的。为此，各侧 ET 二次变送延时的影响必须被计入保护装置的数据同步过程。

（2）对保护装置而言，从本质上看，补偿两侧 ET 二次变送延时的时间差而非它们的数值本身是数据同步的核心内容。

在考虑解决本节第三部分提出的第（4）个问题，即电子式互感器采用 IEC 61850-9-2 接口经交换机输出采样值时，受过程层网络工况的影响二次变送延时不稳定问题时，我们的努力方向应该是，实时获得每一帧从 ET 经 MU 传送到保护装置的采样数据的二次变送延时，或者每一次的两侧延时差。在此基础上才有可能在二次侧实施补偿，保证一次侧数据同步。

但从当前实际情况来看，电子式互感器采用 IEC 61850-9-2 接口经交换机输出采样值时，不能直接给出每帧采样数据报文的二次变送延时，保护装置也不能够按事先测知的一个固定的二次传变延时来补偿每帧采样数据的延时。要解决本节第三部分第（4）个问题，需要依靠另外的技术手段或依赖除 MU 和保护装置本身之外的其他设备（但不必是 GPS 等广域对时定位系统），但这样又会增加设备的复杂性或降低系统的可靠性。

基于以上分析结果可见，对线路差动保护，线路互感器的 MU 最好能够输出符合 IEC 60044-8 或 IEC 61850-9-2 标准的点对点数据接口。采用点对点接口的互感器（即所谓的直接采样），其二次变送延时稳定可测，在此基础上，保护装置采用本节提出的改进插值法，可以完全解决电子式互感器接入的光纤差动保护的数据同步问题。改进插值法不依赖于任何外部设备，可靠性高；不调整采样时刻，适应于标准规定的 MU 功能结构条件；能灵活适用于线路一侧为电子式互感器，另一侧为传统互感器的情况。

如果一定要在网络采样（经网络传输采样值）的基础上解决线路两侧保护装置数据同步问题，我们的努力方向应该是争取实时获得每一帧从互感器经 MU 传送到保护装置的采样数据的二次变送延时或者每一次的两侧延时差。在此基础上才有可能在二次侧实施补偿，保证一次侧数据同步。

3. 基于网络采样且不依赖 GPS 的光纤差动保护的数据同步方法

前述研究解决了 MU 输出接口使用点对点直连接口时保护装置的数据同步问题，但未能解决本节第三部分提出的第（4）个问题，即电子式互感器采用 LEC 61850-9-2 接口经交换机输出采样值时，受过程层网络工况的影响，二次传输延时可能会不稳定，且变动幅度较大，这可能导致数据同步发生严重错误。

遵从 IEC 61850-9-2 标准的 MU 经交换机传输采样值时，没有也不能直接给出每帧采样数据报文的二次变送延时，在不依赖除 MU 和保护装置本身之外的其他设备和手段的前提下，本节第三部分第（4）个问题不能被解决。

本部分探讨如何在 IEC 61850-9-2 标准本身的框架内怎样利用尽可能少的外部条件实现线路两端的数字化光纤差动保护装置的数据同步，从而从体系构成上保证继电保护的可靠性。

4. 解决数据同步问题的外部技术条件与基础

（1）分别安装于两变电站中的保护装置之间的纵联光纤通信通道，未因数字化变电站技术的推广和应用而有太多变化。电力运行部门自建或租用的光纤通道，提供给线路差动保护用的通道及其路由双向延时是相等的，这与传统光纤差动保护的数据同步方法的前提相同，在工程中也是完全能够保证的。

（2）在数字化变电站内，所有间隔层设备（如保护装置）与过程层设备（如 MU 装置）的采样脉冲信号每秒钟接收全站同一基准时钟的秒脉冲信号 1PPS（1 Pulse Per Second）同步一次（相位锁定）。全站基准时钟（主钟）通过 GPS 接收机接收天空中 GPS 卫星的授时信号，该脉冲信号的上升沿与 UTC 时间的同步误差不超过 1%。站内主钟自身具有高精度守时时钟，若与 GPS 时钟同步后再失步，在其后较长时间内仍然可以保持与 UTC 同步。

（3）ET 的传感头部分或远端模块的 ADC 采样由 MU 发来的采样信号启动。MU 的采样信号由 1PPS 经倍频后变成 ET 的采样频率，发送到 ET 的 ADC 转换部分，启动 AD 采样。这样一来，ET 的采样时刻通过公共的 1PPS 与保护装置之间保持了一种固定的关系。

（4）线路各相 ET 经同步采样得到的数据先经 MU 合并打包成帧，然后送给保护装置。IEC 61850-9-2 标准规定的 MU 输出通信报文中，包含一个 16 位的样本计数，此 16 位计数用于检查连续更新的帧数，在每出现一个新帧时加 1，并且该计数随每一个同步脉冲 1PPS 出现时置零。因此可以说，样本计数值实际上具有相对时间的意义。

（5）MU 输出的标准帧格式中，包含 ET 的额定延时时间，可以是 $2T_s$ 或 $3T_s$（T_s 为采样周期），对采用同步脉冲的 MU，也可以为 3 ms（+10%～100%）。该延时时间给出了一次电流变送到 MU 的过程延时。

5. 适用于网络采样且不依赖 GPS 的改进插值法数据同步方法

在前文讨论的技术条件和基础之上，数字化线路差动保护的数据同步可按下述方法进行，如图 4-26 所示。

图 4-26 中横向从左到右表示绝对时间的先后，t_1、t_2、t_3、t_4 分别为对侧 MU、对侧保护装置、本侧保护装置、本侧 MU 的内部计时器。在本方法中，要求本侧 MU 与本侧保

护装置之间通过本侧 1PPS（记为 1PPS/M）同步，在每个 1PPS/M 脉冲的前沿，t_3、t_4 同时置 0；对侧 MU 与对侧保护装置之间通过对侧 1PPS（记为 1PPS/N）同步，在每个 1PPS/N 脉冲的前沿，t_1、t_2 同时置 0。注意 1PPS/M 与 1PPS/N 之间不要求同步。

由于各侧 MU 与保护装置之间有了同步的时钟，MU 的任一帧数据传送到保护装置的延时就可以测得。因为 MU 传送到保护装置的数据报文中包含了样本计数值，该样本计数值乘以 ET 的采样间隔时间 T_s 就是 MU 的计时器读数。如对侧 MU 在 N1 点发送一个样本计数为 M 的数据帧，对侧保护装置收到后可知该帧发出时 t_1 的读数 $t_{1N1}=N_1T_s$。设保护装置收到该帧数据时 t_2 的读数为 t_{2n1}，则可知该帧数据的延时为 $t_{2n1}-t_{1N1}=t_{2n1}-N_1T_s$。该延时与数据报文中包含的 ET 额定延时 T_{p2} 之和即为对侧 ET 的二次传变总延时 T_{e2}，$T_{e2}=T_{p2}+t_{2n1}-N_1T_s$。

本侧 ET 二次传变延时 T_{e1} 也可通过同样的方法实时测得。

设本侧保护装置在 m1 点收到本侧 MU 送来的数据，并将其发送到对侧保护装置，对侧保护装置于 n0 点收到并经 T_m 延时后于 n1 点回送一帧报文给本侧保护装置。该帧报文中包含了最新收到的同侧 MU 送来的采样数据、回送延时 T_m 以及同侧 ET 二次变送延时 T_{e2}。本侧保护装置于 mr 点收到返回报文，于是可根据等腰梯形法计算出通道延时 T_d，$T_d=(t_{3mr}-t_{3m1}-T_m)/2$。也可推知送来的数据是对侧一次于 N 点产生的数据，该点对应到本侧保护装置的时刻用的读数表示为 t_{3m0}，即图中的 m0 点，由于 t_3 与 t_4 已同步，保护装置可推知本侧 MU 的时钟在对应的 M0 点时刻读数为 t_{4M0}，$t_{4M0}=t_{4m0}=t_{3mr}-t_d-T_{e2}$。

由于数据同步的目标要保证参加差动运算的电量在一次侧是同一时刻的，对应 N 点的数据，本侧一次应为 M 点。由于本侧 ET 的采样数据送给 MU 也有延时，记为 T_{p1}，由图 4-26 可知，本侧 MU 于 t_4 计数器读数为 $(t_{4M0}+T_{p1})$ 的 Md 点收到的数据与对侧 N 点时刻才是同步的。由于在 Md 点时刻基本不会恰巧真有一帧采样数据，我们可以根据该点距其前后两个真实采样点之间的时差 T_a、T_b 及这两点的采样值，通过插值运算来计算出一个"虚拟"的采样值。由于 t_3、t_4 是同步的，T_a、T_b 的计算以及 Md 前后两点 M1、M2 的样本标号的计算可以在（也只应该在）保护装置中进行。保护装置待收到 M1、M2 两帧采样数据报文后，即可通过插值法计算出所需的同步采样点值。至此，一个完整的数据同步过程完成。

关于插值计算的误差评估见本节第一部分，此处不再重复。

上述数据同步过程所依据的条件全部在相关技术标准的框架内，没有任何违背或变更。由于 1PPS/M 与 1PPS/N 之间不要求同步，因此同步算法不依赖于 GPS 或其他广域的导航定位系统做站间的 1PPS 同步。

但该方法依赖各站各自的公共 1PPS 同步本侧 MU 与保护装置，若 1PPS 由外部公共时钟源产生，如图 4-27 中 N 侧变电站一样，则保护的可靠性将很受公共时钟源的影响。在公共时钟源长时间故障时，MU 与保护装置之间失去 1PPS 的同步作用，两侧保护之间的数据同步将不可能正确进行。为解决这个问题，可由 MU 输出 1PPS 同时供自身和保护装置使用，如图 4-27 中 M 侧变电站的连接方式，这样保护功能便仅依赖于保护装置与 MU，从而摆脱了公共时钟源可靠性的影响。

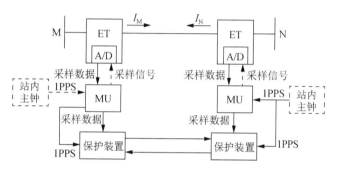

图 4-27　改进插值法数据同步过程示意图

为符合标准兼容并保证保护装置及 MU 可以与 GPS 的 1PPS 信号保持完全同步，MU 设计成既可以接收外部 1PPS 的同步脉冲，同时无延时地转发输出该脉冲信号，也可以在无外部 1PPS 输出时自动输出替代的 1PPS 给自身和保护装置使用，如图 4-28 所示。

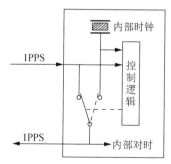

图 4-28　MU 的 1PPS 输出逻辑

图 4-28 中的控制逻辑模块通过检测外部 1PPS 信号和内部时钟的状态并切换电子开关的位置来完成上述功能。在控制逻辑检测出外部 1PPS 输入源丢失时，1PPS 输出信号已丢失一个，其后，控制逻辑才能切换为内部时钟输出。保护装置与 MU 要适应这一状况并不困难，由于各装置本身具有各自的内部计时器，并且已与各自 1PPS 同步过，装置在检测到外部 1PPS 丢失后，可以用自己的计时器自产一个 1PPS 脉冲补上缺失的这一个，在 1 s 的短时间内补上的这一脉冲与真实脉冲的误差很小，可忽略不计。

本节第三部分所提的线路一侧为 ET，另一侧为传统互感器接入保护装置的情况，数据同步过程中只要将传统互感器的二次变送延时视为零值，问题即迎刃而解。

6. 改进插值法的工程应用

工程应用中可能会出现一侧 MU 能够转发/自产 1PPS 信号送给保护装置，另一侧具备该功能的情况，应用本方法进行数据同步的保护装置完全可以适应这种情况。此时两侧的连接方式已表示在图 4-27 中，同时 M 侧系统局部可靠性要比 N 侧更高。

IEC 61850 标准要求数字化变电站的装置具备互换性，数字化光纤纵差保护装置可以满足互换性，但在现有技术条件和运行管理制度下以及将来相当长时间内，光纤纵差保护仍将同型号装置成对使用。

实际开发的光纤差动保护装置须具备两个 MU 输入接口，同时各个 MU 接口要跟随各自的 1PPS 输入接口，如图 4-29 所示，以适应像 3/2 断路器线路之类需要两组 ET 输入数据的应用情况。

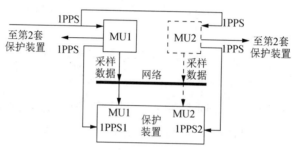

图 4-29 3/2 断路器线路保护装置与 MU 的连接方式

线路差动保护装置采用本节提出的改进插值法，可以解决 MU 按 IEC 61850-9-2 标准接口经网络接入情况下线路两侧的数据同步问题。该方法不调整采样时刻，适应于 ET 标准规定的 MU 功能结构条件，并能灵活适用于线路一侧为 ET 另一侧为传统互感器的情况。改进插值法数据同步完全摆脱了标准中隐含推荐的 GPS，大大提高了继电保护的可靠性。本节另提出了保护装置及 MU 共享的 1PPS 信号由 MU 转发或自产的逻辑和应用方法，应用该措施，可进一步提高保护的可靠性，做到保护功能不依赖于除 MU 和保护装置本身之外的任何其他设备。

7. 适用于网络采样且不依赖 GPS 的时钟接力法数据同步方法

在前面讨论的技术条件和基础之上，数字化线路差动保护的数据同步也可按下述方法进行。

线路两侧 4 台装置处理器各设一只内部计时器（时钟），参考图 4-30，对侧 MU、对侧保护装置、本侧保护装置、本侧 MU 的内部计时器分别用 t_N、t_n、t_m、t_M 表示，图中横向从左到右表示绝对时间的先后。

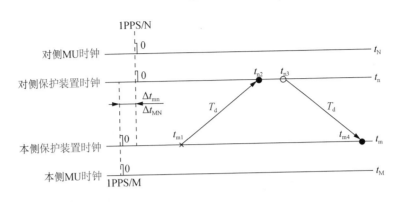

图 4-30　时钟接力法数据同步过程示意图

在本方法中，要求本侧 MU 与本侧保护装置之间通过本侧 1PPS（记为 1PPS/M）同步，在每个 1PPS/M 脉冲的前沿，t_M、t_m 同时置 0；对侧 MU 与对侧保护装置之间通过对侧 1PPS（记为 1PPS/N）同步，在每个 1PPS/N 脉冲的前沿，t_N、t_n 同时置 0。注意 1PPS/M 与 1PPS/N 之间不要求同步。

由于各侧 MU 与保护装置之间有了同步的时钟，MU 的任一帧数据传送到保护装置的延时就可以测得。因为 MU 传送到保护装置的数据报文中包含了样本计数值，该样本计数值乘以 ET 的采样间隔时间 T_s 就是 MU 的计时器读数。如对侧 MU 发送一个样本计数为的数据帧，对侧保护装置收到后可知该帧发出时 t_N 的读数为 $N_1 T_s$。设保护装置收到该帧数据时 t_n 的读数为 t_{n1}，则可知该帧数据的延时为 $t_{n1} - N_1 T_s$。该延时与数据报文中包含的 ET 额定延时 T_{p1} 之和即为对侧 ET 的二次传变延时 T_{e1}，即

$$T_{e1} = T_{p1} + t_1 - N_1 T_s \tag{4-8}$$

本侧 ET 二次传变延时也可通过同样的方法实时测得。一旦两侧 ET 二次变送延时可知，数据同步的过程就可以完全参照图 4-25 所示的方法进行。但这里我们讨论另外一种新方法，可以更简洁地完成两侧的数据同步。

设本侧保护装置在 t_{m1} 时刻发送一帧报文到对侧保护装置，对侧保护装置于 t_{n2} 点收到并于 t_{n3} 点回送一帧报文给本侧保护装置。该帧报文中包含了最新收到的同侧 MU 送来的采样数据、t_{n2}、t_{n3} 以及同侧 ET 二次变送延时 T_{e3}。本侧保护装置于 t_{m4} 点收到返回报文，于是可根据等腰梯形法计算出通道延时 T_d 为

$$T_d = (t_{m4} - t_{m1}) - (t_{n3} - t_{n2}) / 2 \tag{4-9}$$

也可计算出 t_n 与 t_m 两个计时器的读数差 Δt_{mn} 为

$$\Delta t_{mn} = (t_{m4} + t_{m1}) / 2 - (t_{n3} + t_{n2}) / 2 \tag{4-10}$$

由于 t_n 与 t_N，t_m 与 t_M 已各自经 1PPS/N 和 1PPS/M 同步，于是我们也可知两侧 MU 计时器的读数差 $t_M - t_N = \Delta t_{MN} = \Delta t_{mn}$，这就是时钟的接力。

得知了两侧 MU 的时钟差以后，便很容易知道对侧送来的样本计数为 N_1 的采样数据与本侧计时器读数为 $t_{md} = N_1T_s + \Delta t_{MN}$ 时的数据是同步的。

以上是假设两侧 ET 额定延时相等时的结论，若两侧 ET 额定延时不相等，还要考虑它们的影响。这种情况下，对侧样本计数为 N_1 的采样数据与本侧计时器读数为 $t_{md} = N_1T_s - T_{p1} + \Delta t_{MN} + T_{p2}$ 时的数据才是同步的，式中 T_{p2} 为本侧 ET 额定延时。又由于 t_{md} 不太可能恰巧是 T_s 的整数倍，也即 t_{md} 时刻本侧 MU 并没有恰好采样得到一个采样点数据，我们可以在样本计数为 $M_1 = \text{Mod}(t_{md}, T_s)$（以 T_s 为模数对 t_{md} 做取整运算）和 $M_2 = \text{Mod}(t_{md}, T_s) + 1 = M_1 + 1$ 的两采样点数据之间通过插值的方法求得 1 个"虚拟"的采样点数据，该点距 m1 点的时间长度 $T_a = t_{md} - M_1T_s$，距 m2 点的时间长度 $T_b = M_2T_s - t_{md}$。若采用拉格朗日插值法做一阶线性插值，则该点采样值 A（md）计算为

$$A(md) = T_bA(m1) / T_s + T_aA(m2) / T_s \tag{4-11}$$

式中，$A(m1)$、$A(m2)$ 分别为 m1、m2 两点的采样值。

至此，一个完整的数据同步过程完成。

五、直接采样与网络采样

保护装置从合并单元接收采样值数据，可以直接点对点连接，也可以经过 SV 网络交换机。前者称为直接采样（直采），后者称为网络采样（网采），两种方式的对比见表 4-2。如图 4-31 所示，图 4-31（b）比图 4-31（a）多出了对时总线，主要是为了体现网络采样方式，保护功能实现必须依赖于外部对时系统，本节第一至第三部分对保护采样与数据同步的分析已经论证了这一点。本部分对两种采样方式的特点做进一步对比分析。

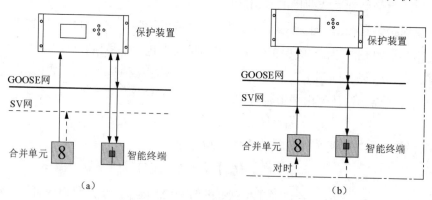

图 4-31　直采直跳与网采网跳
（a）直接采样、直接跳闸；（b）网络采样、网络跳闸

表 4-2　直接采样与网络采样对比分析

对比项目	直接采样	网络采样
采样值传输延时	短，保护动作速度快，最长延时 2～3 ms	比直采长，保护动作速度受影响。采样环节延时是数字化保护动作变慢的主要原因
延时稳定性	采样值传输延时稳定	经网络传输延时不稳定
采样同步	由保护完成，不依赖于外部时钟，可靠性高	依赖于外部时钟，一旦时钟丢失或异常，将导致全站保护异常，可靠性低
中间环节	采样值传送过程无中间环节，简单、直接、可靠	在采样回路增加了交换机环节，降低了保护系统的可靠性
是否依赖交换机	否	是。对交换机的依赖太强，对交换机的技术要求极高
各间隔保护功能实现	各间隔保护功能在采样环节天然的独立实现，可靠性高	使多个不相关间隔保护系统产生关联实现，单一元件（交换机）故障，会影响多个保护运行
检修消缺、扩建的影响	不影响其他间隔的保护（在采样环节）	交换机配置复杂，检修消缺、扩建中对交换机配置文件修改或 VLAN 划分调整后，需要停役相关设备或网络进行验证，验证难度大，同时扩大了影响范围，运行风险大
合并单元、变压器、母线保护装置光口	较多，需解决散热问题	较少，设备相对简单
二次光纤数量	较多	较少
投资成本	两者相当。交换机成本减少；光纤数量较多；主设备保护装置、MU 成本增加	两者相当。交换机投资成本大

　　分析直采、网采的问题，首先要明确保护是否依赖于外部同步对时系统。目前变电站保护正常工作依赖的公共设备只有直流电源。如果保护依赖外部对时，外部对时系统的可靠性不能低于直流电源。而目前时钟设备的可靠性不可能达到直流电源的水平，即使达到了直流电源的水平，从整体上来说，保护系统的可靠性也降低了，因为它依赖的外部条件增多了。因此，从系统可靠性要求出发，保护功能实现应不依赖于外部对时系统。

　　由本节第一至第二部分分析可知，数字化保护装置要能正常工作，一个先决条件是采样值传送延时可知（这样才可以做采样同步），或采样数据本身已同步。当前所有的网采方案，因为交换机本身采样延时不稳定，无法测量，都依赖外部对时系统做采样同步。若要保护不依赖于外部对时系统，当前的办法只有采用直采。直采不依赖于交换机，采样值传输延时稳定，其值可以事先测好作为已知量。

若要保护采用网络采样方式，同时又不依赖外部对时，有如下 3 个可能方法：

（1）交换机本身的数据传送延时做到稳定。但这一点交换机很难做到，它自身的存储转发机制不能保证延时稳定。

（2）交换机自己测量报文在自己内部的延时，然后放在报文帧中发送给保护装置，这样保护装置有可能实时计算出每一帧采样值报文的延时，从而做采样值同步。但这一点，在现有技术条件下普通交换机也做不到，它没有这种功能。若重新设计专用交换机，与现有以太网的一系列标准不兼容。

（3）采用其他的通信方式，采样值传送延时是可知的。但目前没看到这种技术。即使有，也可能不再是网络技术。如何在网络采样时不依赖于外部对时，值得进一步深入研究。

综合考虑保护动作快速性与系统可靠性，从现有技术条件来看，保护装置直接采样比网络采样更有优势。

第三节 对 时 技 术

一、概述

变电站二次系统的正常运行离不开时间的准确计量，而且需要高精度的时间，否则就会因为时间不确定引发许多问题。例如保护或测控装置的事件记录信息失去一定精度的时间参照将降低其有效性，相量测量装置因时间误差可能引起较大误差。在数字化变电站建设之初，提出了保护网络采样、集中式站域保护等，这些技术的实现都需要同步采样数据，这就对全站电子式互感器及其 MU 的采样同步提出了极高的要求。解决方案是通过全站的时间同步（对时）来实现采样同步，于是对时技术的重要性陡然提升，因为保护功能的实现依赖外部对时。Q/GDW 441—2010《智能变电站继电保护技术规范》提出保护直接采样的技术原则后，保护便可以做到不依赖外部对时实现其保护功能，于是对时技术的重要性就大大降低了。

目前电力系统采用的基准时钟源主要有全球定位系统（GPS）发送的标准时间信号和北斗卫星定位系统的标准时间信号。变电站采用 GPS 或北斗时钟作为基准源，由站内主时钟接收装置通过天线获得 GPS 或北斗时钟，再通过主时钟向其他装置发送准确的时钟同步信号进行对时。站内主时钟由于是地面时钟系统的基准源，要求具备较高的对时及守时精度，智能变电站主时钟普遍采用高精度的原子钟守时。

变电站内的时钟同步（对时）方式主要有 1PPS 秒脉冲、IRIG-B 码、NTP/SNTP 网络时间协议和 IEEE 1588 协议等。不同的对时方式对应不同的同步对时精度，见表 4-3。

表 4-3　不同时钟同步方式精度对比

时钟同步方式	同步精度
网络时间协议（SNTP）	0.2～10 ms
IRIG-B 码	1 μs～1 ms
IEEE 1588（PTP）	<1 μs

IEC 61850 标准对智能化变电站中过程层、间隔层和站控层的 IED 智能电子设备的同步精度提出了要求，将 IED 设备对时精度分为 5 个等级，分别用 T1～T5 表示，见表 4-4。其中 T1 的要求最低，为 1 ms；T5 要求最高，为 1 μs。不过，对具体 IED 设备的同步方式和使用的时间同步技术，标准没有给出明确的规定。实际工程中各层 IED 设备具体采用哪种对时协议，要根据 IEC 61850 标准对时间同步精度的具体要求确定。

表 4-4　IEC61850 标准对时间同步的要求

时间性能类	精度	目的
T1	1 ms	事件时标
T2	0.1 ms	用于分布同期的过零和数据时标
T3	25 μs	用于配电线间隔或其他要求低的间隔
T4	4 μs	用于输电线间隔或用户未另外规定的地方
T5	1 μs	用于对时间同步要求高的地方

本节重点介绍 IRIG-B 码和 IEEE 1588 对时方式。

二、IRIG-B 码对时

1. 概况

IRIG 码起源于美国军队靶场的时间同步，靶场中的时间同步系统为航天器发射、常规武器试验及相关测控系统提供标准时间。IRIG（Inter Range Instrumentation Group）是美国靶场仪器组的简称，该组织是美国靶场司令部委员会的下属机构，IRIG 时间码由 IRIG 所属的 TCG（Telecommunication Group，远程通信组）制定。

IRIG 时间码有两大类：一类是并行时间码，共有 4 种格式，这类码由于是并行格式，传输距离较近，且是二进制，应用远不如串行格式广泛；另一类是串行时间码，共有 6 种格式，即 IRIG-A、B、D、E、G、H，它们的主要差别是时间码的帧速率不同，从最慢的每小时一帧的 D 格式到最快的每 10 ms 一帧的 G 格式。由于 IRIG-B 格式时间码每秒一帧，最适合使用习惯，而且传输也较容易，因此在 6 种串行格式中应用最为广泛。

根据距离 B 码发生器的远近及时间精度的不同要求，B 码在实际传输中采用了两种码型——DC 码（直流码）和 AC 码（交流码）。直流码采用脉宽编码方式，交流码是 1 kHz 的正弦波载频对直流码进行幅度调制后形成的。当传输距离近时采用 DC 码，当传输距离较远时采用 AC 码。IRIG-B（DC）码的接口通常采用 TTL 接口和 RS422（V.11）接口，IRIG-B（AC）码的接口采用平衡接口。IRIG-B（AC）码的同步精度一般为 10～20 ms。IRIG-B（DC）码的同步精度可达亚微秒量级。

作为应用广泛的时间码，B 型码具有以下主要特点：① 帧速率为 1 帧/s；② 可传递 100 位的信息，携带信息量大，经译码后可获得 1 次/s、10 次/s、100 次/s、1 000 次/s 的脉冲信号和 BCD 编码的时间信息及控制功能信息；③ 分辨率高；④ 调制后的 B 码（AC 码）带宽适用于远距离传输；⑤ 接口标准化，国际通用。

由于 IRIG-B（DC）码具有上述特点，且其对时回路简单可靠，国家电网公司在《关于加强电力二次系统时钟管理的通知》中明确要求逐步采用 IRIG-B 码标准实现 GPS 装置和相关系统或设备的对时。

本节主要介绍 IRIG-B（DC）直流码。

2. IRIG-B 码格式

IRIG-B 码的时间帧周期是 1 s，即以每秒一次的频率发送包括日、时、分、秒等在内的时间信息。每个时间帧包含 100 个码元，每个码元周期为 10 ms。IRIG-B 码格式如图 4-32 所示。

IRIG-B 码有三种码元，即二进制"0"、二进制"1"、位置识别标志"P"，用不同的脉宽区别，分别为 2 ms、5 ms 和 8 ms。三种码元脉冲信号如图 4-33 所示，它是对图 4-32 码元的放大。

图 4-32 中，连续两个 P 码元为一帧的开始，第 1 个 P 码元定义为 P0，第 2 个 P 码元定义为 PR，即帧参考点，其上升沿即为该秒的准时刻（1PPS）。换言之，如果连续出现两个 8 ms 的位置识别标志，则该时帧的开始是位于第 2 个 8 ms 的位置识别标志前沿。P0、

PR 以后，每 10 个码元有一个位置识别标志，分别为 P1、P2、…、P9、P0。其他时间信息依次分布在各个位置识别标志后的码元中，用 BCD（二进码十进数）码表示，低位在前。具体分布为：

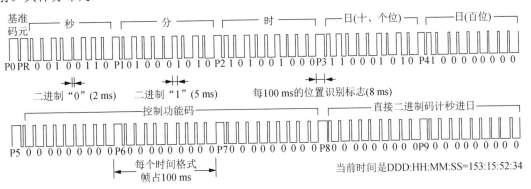

图 4-32　IRIG-B 码格式示意图

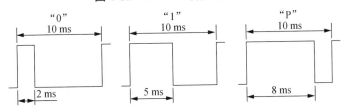

图 4-33　IRIG-B 码元图

（1）9，19，29，…，89，个位数为 9 的码元为位置识别标志（P 码元）。

（2）"秒"的个位使用 1、2、3、4 码元，十位使用 6、7、8 码元。

（3）"分"的个位使用 10、11、12、13 码元，十位使用 15、16、17 码元。

（4）"时"的个位使用 20、21、22、23 码元，十位使用 25 和 26 码元。

（5）"天"的个位使用 30、31、32、33 码元，十位使用 35、36、37、38 码元，百位使用 40、41 码元。天数信息是从 1 月 1 日开始计算的年累计日。

（6）42～98 码元包含控制信息和 TOD 时间。码元中的控制信息包括表示上站和分站的特殊标志控制码、分站延时修正，方便后端用户使用。TOD 时间表示当前时刻为当天的第多少秒，用第 80～97 位共 17 个码元表示。

3. 保护装置的 IRIG-B 码解码方法

由上面的介绍可见，IRIG-B 码格式简单明了，对 B 码解码只需对照标准帧格式提取出每秒的准时刻（PR 码元的前沿，即 1PPS）和时间、控制信息即可。为精准提取每秒准时刻，保护装置通常采用专用电路和处理芯片来解码，而不是采用主处理器。专用解码电路的处理芯片可采用 MCU（微处理器）、CPLD（复杂可编程逻辑器件）、FPGA（现场可编程门阵列）等。装置的 IRIG-B 解码电路通常设计成独立模块的形式，图 4-34 给出了一种采用微处理器的解码电路模块框图，具有一定的代表性。解码模块的成果是同时输出绝对时间信息和精准的 1PPS 同步脉冲。图 4-34 中的微处理器（MC9S08QG4）同时具有 3 种同步与异步串行外围（SPI，I^2C，SCI），能根据要求将时间信息以不同接口转发给保护装置的各功能插件。

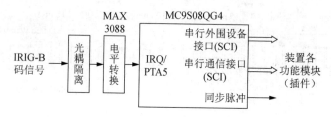

图 4-34　IRIG-B 码解码电路模块框图

IRIG-B 码解码模块与装置各功能插件的接口，可以采用图 4-35 中保护测控装置 A 的模式，即由管理插件获取绝对时间信息并统一下发；也可采用测控保护装置 B 的模式，即由对时模块通过 SPI（串行外围设备接口）直接下发绝对时间信息。各功能插件均直接从对时模块引入 1PPS 对时脉冲，对时脉冲决定各功能插件的时间同步性和对时精度。

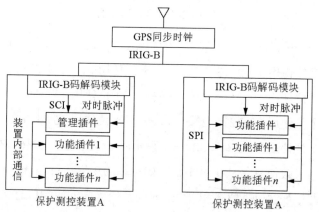

图 4-35　IRIG-B 码解码模块与各功能插件的接口

三、IEEE 1588（IEC 61588）对时

（一）IEEE 1588 标准概况

IEEE 1588 全称为精密时钟同步协议（Precision Time Protocol，PTP），用于在局域网

中的不同设备间实现亚微秒级的同步精度。该协议由 IEEE 仪器和测量委员会起草，于 2002 年发布 1.0 版。2008 年 7 月 24 日颁布了 2.0 版，2.0 版比 1.0 版有较大的改进，并且不向下兼容。IEEE 1588 已被采纳为 IEC 标准，编号为 IEC 61588。

IEEE 1588 协议具有如下技术特点：

（1）IEEE 1588 使用原有以太网的数据线传送时钟信号，不需额外的对时线，使组网连线简化，成本降低。

（2）较之早期的 NTP/SNTP 网络时间协议（只有软件），IEEE 1588 对时既使用软件，亦同时使用硬件，硬件与软件配合，由此获得更高的对时精度。

IEEE 1588 推出的时间尚短，部分技术和实现设备还有待完善和修正。

（二）IEEE 1588 时钟同步基本原理

1. 工作原理

PTP 协议的基本原理是主、从时钟之间进行同步信息包的发送，对信息包的发出时间和接收时间信息进行记录，并且对每一条信息包"加盖"时间标签。有了时间标签，从时钟就可以计算出网络中的传输延时以及自己与主时钟的时间差，从而进行时钟的校准同步。

为了描述和管理时间信息，PTP 协议定义了 4 种多点传送的信息包，即同步信息包 Sync、Sync 之后的信息包 Follow_Up、延时测量信息包 Delay_Req 和 Delay_Req 的应答信息包 Delay_Resp。同步信息包传递的机制称为延时-请求响应机制，如图 4-36 所示。

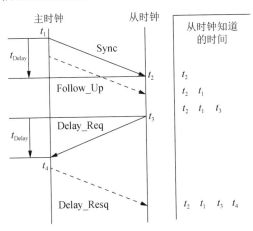

图 4-36　延时-请求响应机制

主时钟周期性地发送包含时钟质量的 Sync 消息包，紧接着发送 Follow-Up 信息包通告上个信息包的实际发送时间 t_1（本节提到的时间都是指时钟的本地时间）；从时钟记录

Sync 信息包的到达时间 t_2，紧接着在 t_3 时刻发送 Delay_Req 信息包；主时钟记录 Delay_Req 信息包到达时间 t_4，并发送消息 Delay_Resp 把 t_4 告知从时钟。从时钟根据 4 个时间信息计算出两个时钟的偏差和传输延迟。

假设主、从之间的消息往返延迟是相等的，则图 4-36 中 t_1、t_2、t_3、t_4 四点的连线是一个等腰梯形，从时钟可计算出自身与主时钟之间的传输延迟 Delay 为

$$Delay = \left[\left(t_4 - t_1 \right) - \left(t_3 - t_2 \right) \right] / 2$$

从时钟与主时钟的时间偏差 Offset 为

$$Offset = \left[\left(t_2 - t_1 \right) + \left(t_3 - t_4 \right) \right] / 2$$

从时钟根据计算出来的偏差修改本地时间，从而实现与主时钟同步。

注意，上述两个公式成立的前提是主、从时钟之间信息包往返传输时间是相等的。

在同步开始之前，同步域的所有时钟会先通过分布式的最佳主时钟算法（best master clock algorithm，BMC 算法）确定自己的状态，从而确定域中的主时钟。关于最佳主时钟算法，读者可参考有关文献，本书限于篇幅不再展开。

2. 影响同步精度的因素

（1）如果 PTP 信息包在 PTP 协议应用层打上时间标签，然后发送出去，由于从 PTP 协议应用层到达时钟物理层出口的时间不确定，协议栈处理信息包的时间会影响时间标签的准确性。

（2）时钟偏差和通道延迟的计算基于的是通信双向延迟相等，实际上由于网络抖动等因素，传输延迟是很难完全对称的，不对称性也会影响精度，尤其是长距离的信息包传输，同步精度更容易受到影响。

（3）时钟的晶振偏差也会影响到时钟时间的准确性。

（4）多层次的主、从时钟逐级同步会带来累计误差。

（5）对网络拓扑改变的响应能力也会影响同步精度。

3. 提高精度的方法

PTP 标准引入了多种方法降低误差，包括划分域，即设计为小系统消除网络组件影响；硬件打时间标签；使用边界时钟；使用透明时钟进一步降低非对称性影响；精简 PTP 帧头，减少网络带宽开销，相应降低可能的网络排队延时。下面重点介绍硬件打时间标签、边界时钟和透明时钟。

（1）硬件打时间标签

一般的同步技术是软件打时间标签，但是在发送信息包时，信息包从 CPU 处理（打

时间标签）到物理接口的时间是不确定的，如图 4-37 所示，C 到 A 的延时是不确定的，接收消息的过程也存在这个问题。这个等待时间可能会有几十毫秒，严重影响精度。

PTP 提出同步信息包在 MAC 层和物理层之间打时间标签，即硬件打时间标签。图 4-37 中，PTP 的时间标签处理在 A 点，若时间标签处理在 C 点，严重影响时间恢复的精度。硬件打时间标签时延时抖动一般在数个纳秒（ns）之内，在离出入接口最近的地方打时间标签，大大消除了协议栈等延迟的影响。

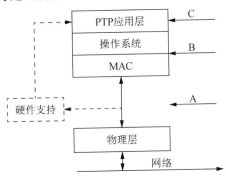

图 4-37 硬件打时间标签

（2）边界时钟

如果主、从时钟之间距离较长，经过多个网络环节，则受网络波动影响，信息包传输延迟相差可能会很大，也就是引入了很大的非对称性误差，这将严重影响同步的精度。相对于普通时钟只有一个 PTP 端口，边界时钟有两个以上的 PTP 端口，每个端口可以处于不同的状态。在主、从时钟之间布置若干个边界时钟，逐级同步，边界时钟既是上级时钟的从时钟，也是下级时钟的主时钟，由不同的端口来实现主从功能，如图 4-38 所示。边界时钟能降低非对称性的影响，还可用于划分域和连接底层技术不同的域。

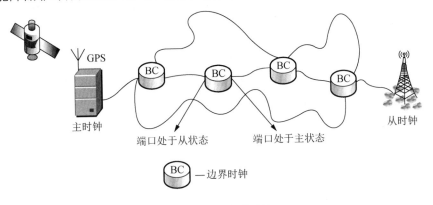

图 4-38 边界时钟

（3）透明时钟

透明时钟也用在距离较长、历经环节较多的主、从时钟之间，减少网络抖动的影响，做非对称校正，可以排除交换网造成的非对称延迟的影响，减小了大型拓扑中的累积误差。透明时钟与边界时钟不同的是，透明时钟没有主、从状态，也不需要做逐级同步。透明时钟分为 E2E 透明时钟和 P2P 透明时钟两种。

① E2E（端对端）透明时钟

E2E 透明时钟用在主、从时钟之间，它像一个普通的以太网交换机、路由器或中继器那样转发所有的信息包。对于 PTP 信息包，透明时钟会另外测量其驻留时间，如图 4-39 所示。驻留时间是信息包穿越透明时钟所需要的时间。

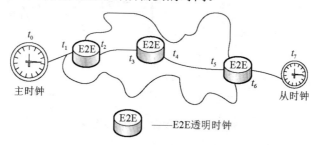

图 4-39　E2E 透明时钟

在 PTP 的 2.0 版本中，同步信息包中增加了一个时间修正域（Correction Field）。时间修正域的加入，使信息包在传送过程中可以对这个域进行实时的修正。

PTP 信息包穿越透明时钟时，驻留时间会写入这个信息包或者其后续信息包（Follow_ Up 信息包）的时间修正域中。从时钟做同步校正时，会根据 Correction Field 字段中的值修改时间，以提高精确度。

穿越透明时钟的各段驻留时间都会累加到 Correction Field 字段中。图 4-39 所示的例子中，总的驻留时间 T_r 为

$$T_r = (t_2 - t_1) + (t_4 - t_3) + (t_6 - t_5)$$

主、从时钟之间的同步信息包穿过透明时钟完成一次同步传递之后，可得到：时间偏差=收到 Sync 时间-发送 Sync 时间-路径延迟-总驻留时间，即

$$\text{Offset} = t_7 - t_0 - \text{Delay} - T_r = t_7 - t_0 - \text{Delay} - \text{Correction Field}$$

上式中的路径延时 Delay 由图 4-36 所示的延时-请求响应机制测量。

② P2P（点对点）透明时钟

E2E 透明时钟只测量 PTP 信息包穿越它的时间。P2P 透明时钟除此之外，还测量每个端口和对端之间的链路延迟。P2P 透明时钟对于每一个端口用一个额外的模块来完成测量

任务，该模块使用对等延迟机制测量端口与对端之间的链路延迟，如图 4-40 所示。P2P 透明时钟只能与支持对等延迟机制的时钟配合工作。

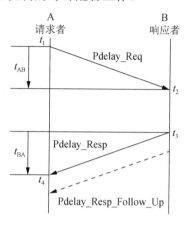

图 4-40　对等延迟机制

链路延迟的计算基于端口与其链路对端交换的三种信息包，即 Pdelay_Req、Pdelay_Resp 和 Pdelay_Resp_Follow_Up。图 4-40 中，端口 A 在 t_1 时刻发送 Pdelay_Req 信息包，端口 B 在 t_2 时刻收到该信息包；端口 B 紧接着在 t_3 时刻发送 Pdelay_Resp 信息包；Pdelay_Resp 信息包是可选的，t_2 和 t_3 可以分开或者一起发送给端口 A。假设端口 A 和端口 B 的传输时间是对称的，也就是 t_{AB} 和 t_{BA} 是相等的，则利用等腰梯形法可计算出路径传输延迟时间 T_D 为

$$T_D = \left[\left(t_4 - t_1\right) - \left(t_3 - t_2\right)\right] / 2$$

对于 PTP 时间信息包，E2E 透明时钟更正和转发所有的 PTP 时间信息包，而 P2P 透明时钟只更正和转发 Sync 和 Follow_Up 信息包。这些信息包中的 Correction Field 字段会被 Sync 消息的驻留时间和路径传输延迟时间更新。E2E 透明时钟只测量信息包驻留时间，P2P 透明时钟测量除信息包驻留时间外还测量路径延时，如图 4-41 所示。

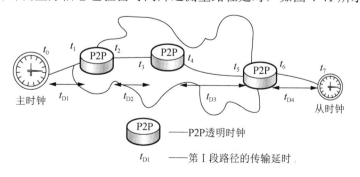

图 4-41　P2P 透明时钟

图 4-41 中，总的驻留时间 T_r 仍为

$$T_r = (t_2 - t_1) + (t_4 - t_3) + (t_6 - t_5)$$

各段路径的延迟之和 T_D 为

$$T_D = t_{D1} + t_{D2} + t_{D3}$$

图 4-40 中，主时钟给从时钟发送 Sync 信息包和可选的后续信息包 Follow_Up 之后，从时钟可得到：时间偏差=收到 Sync 时间-发送 Sync 时间-路径延时-驻留时间，也就是

$$\text{Offset} = t_7 - t_0 - (T_r + T_D) = t_7 - t_0 - \text{Correction Field}$$

Corection Field 包括路径延时和驻留时间，也就是 T_r 和 T_D 的和。

（三）IEEE 1588 在智能变电站的应用

IEEE 1588 是网络对时方式，智能变电站通信网络拓扑的不同对其应用有较大影响。典型的智能变电站网络结构如图 4-42 所示，图中虚线及虚线框分别为冗余网络和设备，router 为路由器，switch 为交换机。

1. IEEE 1588 的全站应用方案

IEEE 1588 在站内应用时，要求过程层、间隔层以及变电站层设备只作为对时网络末节点，扮演从时钟角色。通信网络中的交换机或路由器作为 BC（边界时钟）或从时钟参与整个对时过程。站内主时钟（下用 GC 表示）为整个对时网络的时钟参考源。该 GC 可以有多个网口，但不是交换机或路由器。上述对时网络方案层次清晰，功能明确，通用性强。对于图 4-42（a）所示的网络结构，由于过程层网络与站控层网络相互独立，两层网络的对时也被隔开，对此有两种处理方法，如图 4-43 所示。

（1）过程网络与站级网络都采用 IEEE 1588 进行高精度对时，专用 GC 分别连接到过程网络与站级网络，如图 4-43（a）所示。GC 接入过程层网络与站控层网络中的交换机，如图 4-42（a）中的 switch5 和 switch7，对时报文经由这些 BC 在 GC 与从时钟间进行交互，完成对时。此方法需要全站过程层和间隔层设备的以太网芯片、变电站层计算机的网卡以及通信网络中的交换机或路由器都支持 IEEE 1588 硬件对时，投资较大，但全站设备都能实现高精度时钟同步。

（2）过程层网络采用 IEEE 1588 对时，站控层网络采用 SNTP 对时，如图 4-43（b）所示。SNTP 服务器通过一支持 IEEE 1588 的网口作为从时钟与 GC 对时，通过另一不需支持 IEEE 1588 的网口接入站控层网络，以 SNTP 方式对变电站层设备对时。过程层网络

的对时方法与（1）相同。此处的 SNTP 服务器可以和 GC 优化成一个时钟服务器，该时钟服务器的一个网口以 SNTP 对时，另一个网口以 IEEE 1588 对时，这样可以优化功能配置，节省投资。此方法针对变电站层设备对时钟同步精度要求较低的特点，省去了变电站层计算机网卡以及站级网络中的交换机或路由器对 IEEE 1588 的支持，将功能实现与经济性很好地结合在一起。

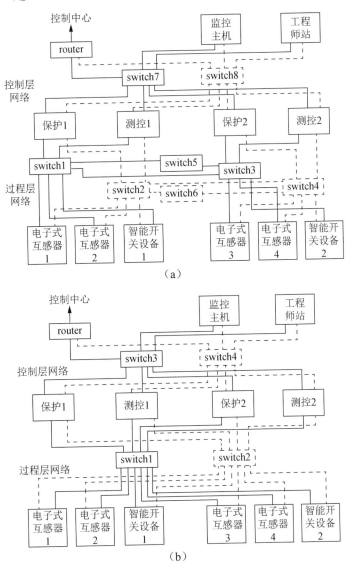

（a）

（b）

图 4-42　过程层网络与站控层网络相互独立的变电站通信网络结构

（a）分段过程总线；（b）单一过程总线

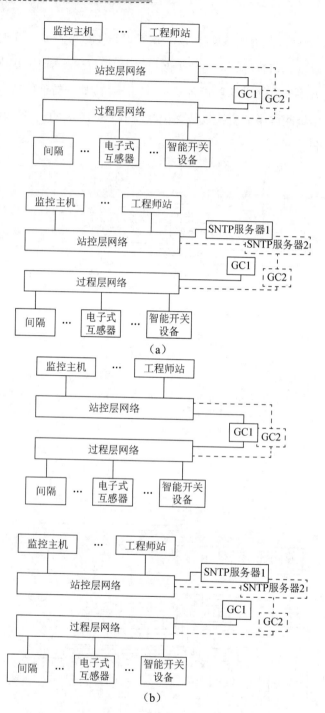

图 4-43　独立过程网络全站 IEEE 1588 应用结构

（a）全 IEEE 1588 对时；（b）IEEE 1588+ SNTP 对时

对于图 4-42（b）所示的网络结构，其对时方法与图 4-42（a）相同，区别在于过程网络中作为 BC 的交换机数量大大减少，过程网络变得简洁。但该单一过程总线的方式对通信速率要求较高，否则过程层与间隔层设备的实时性要求得不到保障。

2. 对时的冗余实现

若保护依赖于外部对时系统，在组建站内通信网络和配置对时设备时，冗余措施必不可少，如图 4-42、图 4-43 中虚线所示。以图 4-42（a）过程网络对时为例，IEEE 1588 对时的冗余备用可按下述方式配置：站内装设 2 套 GC（即 GC1 与 GC2），如图 4-43 所示，GC上可以有多个支持 IEEE 1588 的网口。GC1 与 GC2 各有一个网口接至图 4-42（a）中的switch5，另一个网口接至 switch6。GC1 作为主机在主过程层网络与冗余过程层网络上发送对时报文，GC2 作为备用。当 GC1 正常工作时，GC2 能接收到 GC1 发送的正确报文；当 GC1 工作不正常时，GC2 可能收不到 GC1 发送的对时报文或者收到错误的报文，据此可以判断 GC1 出现故障并接替 GC1 进行对时服务。

对于过程层与间隔层设备，主网口与冗余网口都会收到对时报文。如果主网口正常工作时冗余网口不工作，冗余网口 MAC 层收到的报文直接被后续报文覆盖。当主网口故障时，设备 CPU 判断后切换到冗余网口；如果主网口与冗余网口相互独立工作，则由设备CPU 进行判别后对报文做出取舍。

四、对对时技术的评价

IRIG-B 码和 IEEE 1588 两种对时方式，精度都可满足智能变电站二次系统的需要，IEEE 1588 的对时精度在理论上可以做到更高。IEEE 1588 的另一个突出优点是不需要专用对时总线或光纤，其对时路径与网络电缆或光纤复合在一起。但是其缺点也很明显：这种对时方式要求设备的网口具备特殊的支撑 IEEE 1588 协议的硬件电路和相应的软件。普通网口与 LEEE 1588 的网口不兼容，一旦采用这种对时方式，所有相关设备都要求具备专用的 IEEE 1588 的网口。此外，当前支持 IEEE 1588 的网络接口芯片、二次设备及交换机技术尚未成熟，性能还不稳定，价格也很昂贵，与其带来的好处相抵，IEEE 1588 综合效益并不高。反观 IRIG-B 码，其技术成熟、性能稳定、兼容性好、成本低，仍是当前智能变电站对时方式的最佳选择。

最后再次指出，保护采样直接采样以后，保护可不依赖于外部对时系统实现其保护功能，对时系统的作用对保护而言不再至关重要。

第四节　网络通信技术

网络通信技术是智能变电站继电保护实现的关键技术之一。保护装置接于变电站通信网络之中，本身要具备多个以太网接口。由于过程层网络对保护功能实现具有重要影响，智能变电站对过程层交换机有严苛和特殊的要求。为提高网络通信的可靠性，对网络冗余技术也提出了要求。本节介绍智能变电站的网络结构、过程层交换机设计、网络冗余技术以及 IEC 62439《高可用性自动化网络》标准。

一、智能变电站的网络结构

变电站网络在逻辑上由站控层网络、间隔层网络、过程层网络组成，物理上一般配置两层网络，即站控层和过程层。

站控层网络（MMS 网）用于站控层设备和间隔层设备的信息交换，主要是监视间隔层设备和控制信息，可靠性要求相对过程层网络低，但数据量相对较大；过程层 GOOSE 网主要用于保护设备之间的连闭锁信息交互，间隔层与过程层设备之间控制命令传递以及断路器、隔离开关等开关量信息的采集，对数据传输的可靠性要求很高，实时性也很强（尽管保护采用直采直跳时，对 GOOSE、SV 网交换机的依赖性已不像网采网跳那样强）；过程层 SV 网用于传输电子式互感器所产生的电气量采样值给故障录波器或测控装置，数据量庞大，可靠性、实时性要求也很高。过程层交换机的性能和运行情况将直接影响全站运行的可靠性。过程层交换机必须采用高性能工业以太网交换机，同时通信介质采用光纤。

二、过程层交换机设计

1. 对过程层交换机的基本要求

智能变电站在功能、电磁兼容、环境温度和机械结构等方面对过程层交换机提出了很高要求。过程层交换机在强电磁干扰下，报文传输可靠性、温度范围、端口配置、存储转发时延、吞吐量、环网自愈时间、流量分类控制、网络安全控制等方面应满足智能变电站过程层的应用需求，具体如下。

（1）强电磁干扰下的零丢包技术：在变电站中，正常和异常运行状况下都会产生和遭受各种电磁干扰，如高压电气设备和低压交直流回路内电气设备的操作、短路故障所产生的瞬变过程，电气设备周围的静电场和磁场，雷电，电磁波辐射，人体与物体的静电，放电等。这些电磁干扰会对交换机通信数据的转发产生影响，导致交换机转发的报文中某些字节出错，使得链路层的 CRC 校验出错，从而丢失整帧报文。报文丢失会导致模拟量采样出错、开关量丢失、跳闸延时，影响变电站的可靠安全运行。过程层交换机应在强 EMC 干扰下不丢包，以满足过程层数字化的需求。

（2）温度范围：智能变电站的部分过程层设备需要就地安装，如智能终端往往需要安装在断路器旁边。随着过程层设备的就地化，过程层交换机往往也需要户外就地安装。中国幅员广阔，南北温度差异大，对交换机的运行温度范围要求较苛刻。低温对交换机的影响一般不大，但交换机在高温下运行时，其相关元器件的老化速度会加快，严重影响其性能和使用寿命。交换机应能够在-40～+85 ℃的温度范围内长期可靠地工作。

（3）端口配置：交换机应具备足够数据量的 100 Mb/s 的光纤端口，一般为 8、16 或 24 个。智能变电站用交换机需要支持星形网，必要时需要支持环网等多种组网方式。支持星形网时，交换机还需要提供 1 个千兆光纤端口，用于主交换机和从交换机之间级联；支持环网时，需要提供 2 个千兆光纤端口，以构成环网。因此，一般交换机应支持 2 个千兆光纤端口。

（4）吞吐量：智能变电站过程层数字化后，过程层网上传输报文的字节长度各有不同，例如不同间隔的跳闸 GOOSE 报文、SMV 报文中，任意一帧丢失均可能导致保护工作异常，从而严重影响保护动作的可靠性，进而影响整个电网的安全。因此，要求交换机必须对有效长度（64～1 518/1 522 Byte）内的所有报文吞吐量达到 100%。当网络报文流量达到上限时，不能出现因交换机吞吐量达不到 100%而引起报文丢失，避免因某一字节长度报文出现丢包而影响变电站的可靠运行。

（5）存储转发延时：常规变电站的保护跳闸信号通过电缆传送，实时性好，而智能变电站的保护装置跳闸命令先形成 GOOSE 报文，再经过交换机传送给智能终端。其中交换机的存储转发延时是影响跳闸命令传输时间特性的一个重要因素，存储转发延时越小，GOOSE 跳闸的实时性就越好。对于光纤交换机，减小光模块的转发延时是减小交换机存储转发延时的一个途径。

（6）环网自愈时间：在环网架构的物理链路上，交换机构成 1 个环；在逻辑链路上，如果其中 1 台交换机的 1 个端口处于"阻塞（block）"状态，数据流不能通过，从而在逻辑上构成非环链路。当网络上出现故障时,交换机之间的环网架构发生改变,交换机需要能探测到网络架构的改变,并能够重新构建新的逻辑链路。在智能变电站中环网故障自愈的时间应尽量短,并且最好实现零丢包。

交换机一般采用快速生成树协议(RSTP)实现环网自愈,但是标准的 RSTP 环网故障后恢复的时间较长,很难满足智能变电站的需求。一般情况下,智能变电站用交换机针对智能变电站的应用采用自己的环网自愈技术。就目前的技术水平而言,其自愈时间应该小于 2 ms/hop(跳)。

(7)组播流量控制和优先级:智能变电站中,本间隔的保护测控装置往往只关心本间隔的数据(如线路保护),而 GOOSE 报文和 SMV 报文都是组播发送,如不进行控制,交换机会将此类报文向其所有端口转发,网络上会增加许多不必要的组播流量,极大地浪费带宽及相关 IED 的 CPU 资源。因此,智能变电站内组播流量控制十分必要。

交换机可以采用虚拟局域网(VLAN)技术将相关的装置划分在同一 VLAN 里,限制组播的转发范围。另外,交换机也需要支持优先级技术,以保证重要数据的实时性。

(8)网络安全控制:智能变电站的采样值、跳闸、连闭锁等重要信息全部通过网络传输,因此交换机网络必须提供更高的安全控制策略,如目前常用的基于静态 MAC 或 802.IX 的网络安全控制策略。二者均可提供精确到端口粒度(级别)的网络安全,可从源头上杜绝网络侵害隐患。

下面以某型交换机为例,介绍交换机的软硬件设计。

2. 交换机的硬件架构

交换机的硬件核心架构分为数据交换模块和管理模块两部分。硬件框架如图 4-44 所示。

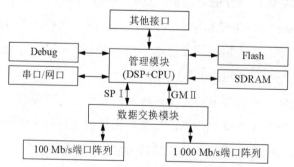

图 4-44　交换机的硬件框架图

数据交换模块负责交换机的基本数据交换处理,支持 8、16 或 24 个百兆光纤端口及 2 个千兆光纤端口,采用存储转发模式工作,缓存空间应不小于 6 MB。管理模块实现交换机的管理、配置、调试以及交换机的高级应用功能。管理模块和数据交换模块之间通过通信接口连接。

交换机采用全封闭机箱、分区接地、电源干扰抑制、电路板按电压等级分区、信号线屏蔽等抗 EMC 干扰技术，实现强 EMC 干扰下的零丢包技术，以满足过程层数字化的需求。交换机硬件设计中采用无风扇自冷散热技术，从两方面考虑，一是降低元器件功耗，二是增加散热面积，使得交换机能够在-40～+85 ℃的温度范围内长期可靠地工作。

3．软件方案

（1）软件架构

该交换机的软件运行于管理模块中，整体结构分为操作系统、系统抽象层（SAL）、交换模块的操作接口层（Switch API），以及基本功能模块、配置管理模块、日志与告警模块、高级功能模块等部分，如图 4-45 所示。

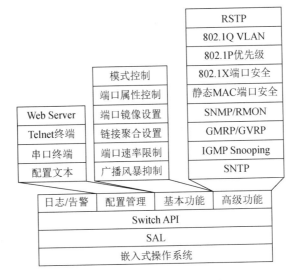

图 4-45　软件结构分解图

SNTP——简单网络时间协议；IGMP Snooping——互联网组管理协议窥探；

SNMP——简单网络管理协议；RMON——远端网络监控；GVRP——动态 VLAN 管理协议

（2）操作系统和 SAL、API 模块

综合考虑系统稳定性、高效性和可扩展性等因素，采用了嵌入式实时多任务操作系统。

SAL 提供通用的系统函数封装接口，使得上层的应用程序与操作系统无关，确保程序具有良好的可移植性，为今后 CPU 或操作系统升级提供了良好的可扩展性。

Switch API 封装了应用功能对交换模块的操作，包括修改端口属性、读写交换芯片各寄存器等，为上层应用提供了简明清晰的操作手段。增加该层，使得上层应用程序独立于交换芯片而存在，便于上层应用程序的改进和移植，提高了可扩展性。

（3）基本功能模块

该模块功能主要包括对端口模式、属性的控制管理。通过改变 Switch 芯片和物理层（PHY）芯片上相关寄存器的内容设置端口的各项属性可以适应应用需求。

该模块接收来自配置管理模块的功能控制命令，设置 PHY 芯片和 Switch 芯片的工作模式。同时该模块与日志/告警模块接口，对常规配置操作和系统运行异常等情况进行记录。

该模块内部可分为 6 个子模块，各子模块之间为平行关系，独立运行。具体如下：

① PHY 模式控制：控制 PHY 工作模式，包括端口的工作速率、全双工/半双工模式、自动协商模式控制和网线自动交叉识别等。

② 端口属性控制：控制端口属性，包括端口使能、网络报文控制等。

③ 端口镜像设置：用于将某一个或几个端口上的所有流量复制到另外一个或几个端口上，用于侦测或调试。

④ 端口聚合设置：用于将多个端口聚合成 1 个数据通道，该通道被视为单个逻辑连接，以便扩展交换机级联带宽或增加级联冗余度。

⑤ 端口速率限制：控制每个端口输入、输出流量速率，可同时对端口速率和端口瞬时风暴进行设置。

⑥ 网络风暴抑制：用于抑制广播、多播或未知单播的网络风暴。

（4）配置管理模块

该模块负责所有参数的显示、配置，可以通过 Web、Telnet、CLI（命令行界面）对交换机进行访问和维护，以满足在不同场合和条件下用户对交换机配置和管理的需要。

（5）日志与告警模块

该模块记录交换机内部的日志和告警，为其他各模块提供产生日志和告警的接口，产生的日志和告警存储在 Flash 盘中，断电后不丢失。可以通过 FTP 将日志与告警信息上传到电脑后再浏览，也可在操作界面（Web，Telnet，CLI）菜单中浏览。

日志与告警信息按重要程度分为以下 3 级：

第 1 级：装置或功能模块运行出错信息，如系统运行出错、各功能模块运行出错等。

第 2 级：各功能模块正常状态变化信息，如各端口状态变化、802.1X 认证成功和失败、SNTP 时钟同步和失步等。

第 3 级：装置的正常操作记录，如装置启动记录、用户登录及退出记录、各功能模块的开启及关闭记录等。

（6）高级功能模块

该模块提供管理型交换机的各项高级应用功能，包括环网管理、数据隔离、链路冗余、流量分类控制、端口安全、流量远程监控和统计、对时、多播报文管理等。该模块接收来自配置管理模块的功能控制命令，设置 PHY 芯片和 Switch 芯片的工作模式。同时该模块与日志与告警模块接口相连，对常规配置操作和各项高级功能在运行过程中的异常情况或重要事件进行记录。该模块内部各模块为平行关系，独立运行，可以独立打开和关闭，如图 4-44 所示，可分为如下 7 个模块：

① RSTP：是一种 2 层管理协议，它通过有选择性地阻塞网络冗余链路来达到消除网络 2 层环路的目的，同时具备链路的备份功能。采用 RSTP 技术组成环网，可以在网络投资较少的情况下获取较高的可靠性。

② 802.1Q VLAN 管理：VLAN 是将局域网设备从逻辑上划分成一个个更小的局域网，从而实现虚拟工作组的数据交换技术，以静态配置的方法限制了多播和广播报文的传输范围，数据流量得到优化控制。VLAN 在智能变电站中已被广泛应用，提高了变电站运行可靠性。

③ 802.1P 优先级管理：该模块将 802.1P 优先级转化为内部的服务类别（CoS）队列，同时允许对队列的调度策略进行配置。智能变电站中可通过优先级标签来制定报文的优先转发策略，保证跳闸等重要信号的优先传送和可靠性。

④ 网络安全控制：该模块包括 802.1X 和基于静态 MAC 的端口安全两种安全控制策略，为网络安全管理提供了优良的策略和手段。用户可以对站内交换机端口进行严格的接入控制管理，杜绝了网络安全隐患。

⑤ SNMP（简单网络管理协议）/RMON（远端网络监控）：该模块可通过响应管理站查询提供整个网络的拓扑、交换机端口各项流量统计指标、端口状态、历史数据统计、通过预设条件产生的告警和日志，并可主动上送 trap 信息。该项功能为智能变电站通信网络的监控和分析提供了丰富的数据来源，在智能变电站内有着广阔的应用前景。目前已开始在示范变电站中采用，用户可在后台机（管理站）实时了解站内各交换机的工作情况和网络状态。

⑥ SNTP：通过 SNTP 客户端模块可访问时钟源，以便同步内部时钟。

⑦ 其他高级功能模块：包括 GMRP（GARP 组播注册协议）、GVRP（动态 VLAN 管理协议）、IGMP Snooping（互联网组管理协议窥探）等。这些功能在智能变电站工程中应用不多，读者仅需初步了解。

三、网络冗余技术与 IEC 62439《高可用性自动化网络》标准

由于 IEC 61850 标准未规定系统的网络拓扑结构，过程层总线的拓扑结构在实际应用中可能有多种选择。过程总线技术应用于智能变电站中，有许多问题亟待解决，包括以下几方面：

（1）网络的无扰恢复（bump-less recovery）。根据 IEC 61850-5 标准，采样值传输、母差保护等功能必须实现无扰恢复，即交换机或光纤等发生任意单点故障后，通信网络皆可零延时恢复，从而使应用层感受不到扰动。而现有协议都无法做到这点，如 RSTP 的恢复时间为秒数量级，MRP 为百毫秒数量级，等等。

（2）可靠性。数字化方案的可靠性不能低于传统方案。为提高通信网络的可靠性，通常采用的方法是网络冗余设计。IEC 62439《高可用性自动化网络》标准提出了多种使用冗余技术设计基于以太网的通信方案。

（3）成本。数字化方案的成本应与传统方案应有可比性。由于智能变电站中采用了交换机等很多新型电子装置，其可靠性、成本等问题比较突出。

在近几年的 IEC 61850 标准变电站建设中，国内外的主要精力花在设备的互操作以及 MMS 和 GOOSE 等服务的可靠性等方面。随着数字化程度的深入，IECTC 57 将工作重心逐渐转移到过程总线上，结合制定 IEC 61850 标准第二版，开始深入研究并采用诸如 IEC 62439-3 等标准。在 IEC 61850-9-2 采样值传输映射栈定义中，其 T-Profile（通信协议子集）在网络层和数据链路层之间增加了 IEC 62439-3（并行冗余协议和高可用性无缝环）标准作为可选项，从而为过程总线的冗余提供了解决方案。

1. IEC 62439《高可用性自动化网络》标准概述

IEC 62439《高可用性自动化网络》的主要内容是使用冗余技术设计基于以太网的高可用性自动化网络。2008 年 4 月发布第一版，进入 2010 年后陆续发布第二版。第二版包括如下 7 个部分：

（1）IEC 62439-1-2010：一般概念和计算方法；

（2）IEC 62439-2-2010：媒介冗余协议（MRP）；

（3）IEC 62439-3-2010：并行冗余协议（PRP）及高可用性无缝环（HSR）；

（4）IEC 62439-4-2010：跨网冗余协议（CRP）；

（5）IEC 62439-5-2010：信标备用协议（BRP）；

（6）IEC 62439-6-2010：分布式冗余协议（DRP）；

（7）IEC 62439-7-2011：环路冗余协议（RRP）。

IEC 62439 标准考虑了两种冗余处理方式，即基于网络设备（交换机、光纤连接等）的冗余和基于终端节点（保护装置、MU 等）的冗余。

基于网络设备的冗余通常针对的是通道和交换机故障，利用冗余的通道和交换机重构局域网。这种冗余方式中，终端节点（如保护装置）可以是普通的装置，不需双网口。

基于终端节点的冗余，需要为终端节点配置冗余连接，并在终端节点上进行冗余处理。双端口是通常的方案。这种方式对局域网交换机没有特殊要求。使用双端口终端节点和两个独立的网络可以实现极小的网络恢复时间，即无缝切换。

IEC 62439 中包括的各种协议支持不同的网络冗余方式和拓扑结构，具有不同的性能特征和功能，可满足不同应用的要求。

2. IEC 62439-3 "并行冗余协议（PRP）和高可用性无缝环（HSR）冗余协议"

IEC 62439 标准中与 EEC 61850 标准密切相关的是 IEC 62439-3 部分。在 IEC 61850-9-2（2.0 版）中，IEC 将基于 PRP 或 HSR 的网络作为变电站总线和过程总线的技术导则。

基于 PRP 和 HSR 的网络具有优异的故障恢复性能，而且能够适用于各种规模的变电站总线和过程总线拓扑。PRP 依赖两个局域网的并行工作，在发生链路或交换机故障情形时提供完全无缝的切换。HSR 应用于环形网络拓扑中，能够使得网络基础构架规模减半。由于 HSR 与 PRP 的相似性，并受篇幅所限，本节重点介绍 PRP。

PRP 并行冗余协议具有以下特点：

（1）装置内具有链路冗余实体（link redundancy entity，LRE），该实体将来自应用层的数据同时发往双端口。而在接收数据时，该实体同时接收双端口的数据，保留第一个数据包并剔除重复数据包。

（2）两个网络可以采用任意拓扑结构。如 A 网采用环形拓扑，B 网采用星形拓扑。

（3）可以采用通用交换机。

基于 PRP 的冗余网络，要求装置（如保护装置、合并单元）包含双以太网控制器和双网络端口，分别接入两个完全独立的以太网，实现装置通信网络的冗余。工作时，端口通过 LRE（链路冗余体）与网络层相连，其作为一个单独的网络接口软件管理以太网卡和上层网络协议的通信接口，如图 4-46 所示。

PRP 终端节点接入两个各自独立运行并且拓扑结构类似的局域网中，两个并行的局域网之间没有直接物理连接，该局域网可以是树状、环网或网状。PRP 冗余网络拓扑示例如图 4-47 所示。

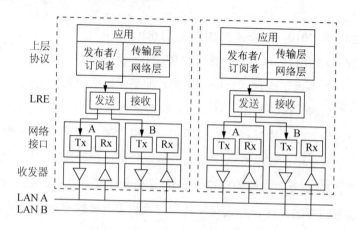

图 4-46　PRP 冗余节点通信示意图

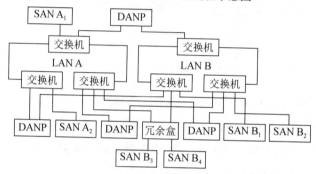

图 4-47　PRP 冗余网络拓扑示例

终端节点接入网络的方式有双连接、单连接和经冗余盒接入 3 种。

双连接的终端节点 DANP（Double Attached Node）与两个局域网都有直接物理连接。

单连接的终端节点 SAN（Singly Attached Node）直接与一个局域网相连接入，仅可以与连接到该局域网的其他节点交换数据。如图 4-47 中的 SAN A_1 节点只能与 SAN A_2 节点交换数据，而不能与 SAN B_1 或 SAN B_2 交换数据。

单连接的终端节点要同时接入两个局域网，可以通过冗余盒（redundancy box）与两个局域网相连，这样就可以与两个局域网中所有的节点交换数据，例如 SAN A_1 可以与 SAN B_3 交换数据。

图 4-46 中，运行 PRP 的每个双连接节点有两个并行的以太网接口，这两个以太网接口使用相同 MAC 地址和 IP 地址。两个以太网接口通过一个称为链路冗余实体（LRE）的控制功能模块连接到上层协议。

LRE 有两个任务，即处理重复报文和冗余管理。发送数据时，发送节点（图 4-46）的 LRE 将来自应用层的数据帧复制，并在帧报文的相应位置添加冗余控制跟踪位

（RCT），然后同时发往 A、B 端口；接收数据时，接收节点 LRE（图 4-46）同时接收 A、B 端口的数据帧，保留第一个接收到的数据帧并剔除从另一个端口接收到的重复数据帧。如果网络或节点的一个端口出现故障，接收节点 LRE 仍然可以收到从另一组网络传输来的数据。由于有了 LRE 控制模块，从上层协议向下看，两个冗余的网口就如同只有一个网口一样。

冗余盒（RedBox）是一种特殊的网络装置，用于将单端口节点接入 PRP 网络内，相当于 SANs 接入冗余网络的代理。其结构与双连接节点类似，如图 4-48 所示。

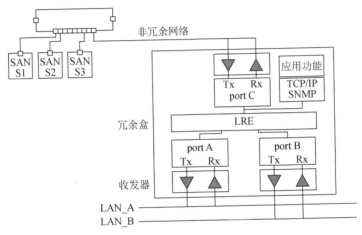

图 4-48　冗余盒（RedBox）节点结构

终端节点在发送报文时是通过两个网络适配器同时发送的，因此在两个独立局域网中会有相同的报文被转发，这样在一个局域网失效时，另一个局域网也会将报文送达。接收端需要处理两个局域网都正常工作时产生的重复报文。PRP 对重复报文的处理，采用在链路层丢弃的方式。发送端在每个以太网数据帧中增加 4 字节（32 位）的冗余控制跟踪位（RCT），用于处理重复报文。PRP 冗余控制跟踪位在帧中的分配如图 4-49 所示。

图 4-49　PRP 冗余控制跟踪位在帧中的分配

发送端为每个目的地址（包括单播、组播和广播）都保留对应的序号表。在发送报文之前，发送端将每个目的地址对应的序号加 1，并将加 1 后的序号填入冗余控制跟踪位的序号部分，占 16 位。

接下来的 4 位用于区分该报文是经过两个并行局域网中的哪个发送的，这部分也是一对 PRP 数据帧之间唯一不同的部分。

再接下来的 12 位是用来确定链路服务数据单元 LSDU（link service data unit）大小的。由于在 VLAN 内经过交换机传输数据帧时，可能会添加或者移除标签，因此只有 LSDU 和 RCT 部分是计入链路服务数据单元大小的。由于冗余控制跟踪位的加入，为满足 IEEE 802.3 数据区最长 1 500 字节的要求，链路服务数据单元的有效负载最大为 1 496 字节。

通过冗余控制跟踪位，配合重复丢弃算法，即可实现在链路层处理冗余报文。

第五节　IEC 61850 标准建模与配置

一、IEC 61850 标准概况

（一）引言

传统的变电站自动化系统逐渐暴露出一些问题，主要集中在通信协议的多样性，信道及接口不统一，系统的集成度低，不同的设备供应商提供的设备间缺少良好的兼容性等方面。由于厂商众多、标准不一，站内各 IED 设备间通信互联会产生很大的工作量且质量难以保证。不统一的通信规约，或同一规约由于理解的不同而产生不同的版本，增加了系统集成的成本，造成了重复投资和资源浪费，并影响到系统的实时性、可靠性，系统的可扩展性、可维护性也很差。

在总结广泛使用的 IEC 61850-5 系列标准和其他标准应用经验的基础上，20 世纪 90 年代中期，IEC 提出"一个地球、一种技术、一个标准"的构想，意在解决自动化系统的设备互操作问题，开始制定全球范围内变电站自动化系统通信协议。经过长期努力，制定了采用面向对象技术、以逻辑接点为单位进行建模和构建体系的方案，形成了全球普遍接受的变电站自动化系统通信的统一标准。

（二）功能接口

IEC 61850 标准在制定时采用了功能分解、数据流和信息建模的方法。功能分解是为了理解分布功能组件间的逻辑关系，并用描述功能、子功能和功能接口的逻辑节点表示。数据流是为了理解通信接口，它们支持分布功能的组件间交换信息和功能性能要求。信息建模用于定义信息交换的抽象语义和语法，并用数据对象类和类型、属性、抽象对象方法（服务）和它们之间的关系表示。

在 IEC 61850 标准中定义的变电站自动化系统功能，包括控制、监视、保护、维护等。具体包括以下几项：

（1）系统支持功能：网络管理、时间同步、物理装置自检等。

（2）系统配置或维护功能：节点标识，软件管理，配置管理，逻辑节点运行模式控制、设定，测试模式，系统安全管理等。

（3）运行或控制功能：访问安全管理、控制，告警指示，同期操作，参数集切换，告警管理，事件记录，数据检索，扰动或故障记录检索等。

（4）就地过程自动化功能：保护功能、间隔连锁、测量和计量及电能质量监视等。

（5）分布自动化支持功能：全站范围连锁、分散同期检查等。

（6）分布过程自动化功能：断路器失灵、自适应保护、反向闭锁、减负荷、负荷恢复、电压无功控制、馈线切换和变压器转供、自动顺控等。

分配到智能电子设备和控制层的功能并不是固定不变的，而是与可用性要求、性能要求、价格约束、技术水平、公司策略等密切相关。因此 IEC 61850 标准支持功能的自由分配。为了使功能自由分配给智能电子设备，由不同供应商提供的设备以及设备的功能之间应具有互操作性。功能分成由不同智能电子设备实现的许多部分，这些部分之间彼此通信（分布式功能），并和其他功能部分之间通信。这些部分称为逻辑节点，其通信性能必须满足互操作性的要求。

（三）通信服务

为了实现通信和应用分离的目的，IEC 61850 标准规定了抽象服务和对象集，使得应用和特定协议无关。这种抽象允许制造厂和用户保持应用功能和优化这些功能，包括以下两种。

1. 抽象通信服务接口（ACSI）服务集

抽象服务集用于"应用"和"应用对象"之间，使得在变电站自动化系统的组件间可以以标准化的方式进行信息交换。然而，必须使用具体的应用协议和通信协议集来实现这些抽象服务。

2. ACSI 到具体的应用协议/通信协议服务集的映射

IEC 61850 标准也规定了站级总线和过程总线的各种映射，映射的选择决定于功能和性能的要求。如在变电站层和间隔层之间的网络采用抽象通信服务接口映射到 MMS（IEC 61850-8-1），在间隔层和过程层之间的网络映射成基于 IEEE 802.3 标准的过程总线（IEC 61850-9-2）。

（1）抽象通信服务接口 ACSI

抽象通信服务接口 ACSI 定义了独立于所采用网络和应用层协议的公用通信服务。通信服务分为两种：① 基于客户端/服务器模式，定义了诸如控制、获取数据值服务；② 基于发布者/订阅者模型，定义了诸如 GOOSE 服务和对模拟测量值采样服务。

IEC 61850 标准总结了变电站内信息传输所必需的通信服务，在 IEC 61850-7-2 中，对此类模型和服务给出了抽象的定义。通信服务的模型，包括服务器模型、应用联合模型、逻辑设备模型、逻辑节点模型、数据模型、数据集模型、替换模型、整定值控制模型、报告和记录模型、变电站通用事件模型、采样值传送模型、控制模型、时间及时间同步模型和文件传输模型。在此基础上，定义了独立于底层通信系统的各类模型所应提供的服务。客户通过抽象通信服务接口 ACSI，由特定通信服务映射 SCSM（special communication service mapping）映射到应用层具体所采用的协议栈，如 MMS 等。

这些服务模型定义了通信对象及如何对这些对象进行访问。这些定义由各种各样的请求、响应及服务过程组成。服务过程描述了某个具体服务请求如何被服务器所响应，以及采取什么动作在什么时候以什么方式响应。

电力系统信息传输的主要特点是信息传输有轻重缓急，且应能实现时间同步，即对于通信网络有优先级和满足时间同步的要求。但考察现有网络技术，较少能满足这两个要求，只能求其次，选择容易实现、价格合理、比较成熟的网络技术，在实时性方面往往用提高网络传输速率来解决。IEC 61850 标准总结电力生产过程的特点和要求，归纳出电力系统所必需的信息传输网络服务。抽象通信服务接口，它和具体的网络应用层协议（如目前采用的 MMS）独立，与采用的网络（如现采用的 IP）无关。客户服务通过抽象通信服务接口，由特定通信服务映射（SCSM）到采用的通信栈或协议子集。

变电站网络通信采用客户/服务器模式，设备充当服务器角色，通过端口侦听来自客户（一般是变电站当地监控主机或调度中心）的请求，并做出响应，所以变电站网络通信是多服务器少客户形式。该模式不同于常规的 CDT 和 Polling 模式，而是采取事件驱动的方式，当定义的事件（数据值改变、数据质量变化等）触发时，服务器才通过报告服务向主站报告预先定义好要求报告的数据或数据集，并可通过日志服务向循环缓冲区中写入事件日志，以供客户随时访问。另外采用面向无连接的通信方式，可以使设备通过组播同时向多个设备或客户发送信息。

（2）通信服务映射

由于网络技术的迅猛发展，更加符合电力系统生产特点的网络将会出现。由于电力系统生产的复杂性，信息传输的响应时间的要求不同，在变电站的过程中可能采用不同类型的网络。IEC 61850 标准采用抽象通信服务接口，就很容易适应这种变化，只需要改变相应 SCSM。应用过程和抽象通信服务接口是一样的，不同的网络应用层协议和通信栈，由不同的 SCSM 对应。

服务器和客户之间通过 ACSI 服务实现通信。一个 IED 设备依据该设备的功能、作用，可以包含若干个服务器对象。一般情况下，当 IED 设备作为其他串口通信设备的代理服务器时，可以包含多个服务器对象，否则针对某一特定功能的 KD 设备一般只包含一个服务器对象即可。而每个服务器又由若干逻辑设备组成，客户通过 ACSI 服务实现对设备的访问，其中服务器对象封装了它的所有数据属性和服务，通过外部接口实现与客户之间的数据交换。

ACSI 服务通过特定服务映射 SCSM 映射到 OSI 通信模型的应用层而实现设备数据的网络传输。采用 ACSI 服务的映射模型，可以使数据对象和 ACSI 服务有很大的灵活性，它的改变不受底下 7 层协议栈的影响。

IED 设备的服务器映射到制造报文规范 MMS 的虚拟制造设备 VMD，逻辑设备映射到 MMS 的域 Domain，逻辑节点、数据对象映射到 MMS 的命名变量（named variable），通过 ACSI 服务到 MMS 服务的映射实现数据通信。

① 变电站层与间隔层的网络映射

在 IEC 61850-7-2～61850-7-4 中定义的信息模型通过 IEC 61850-7-2 提供的抽象服务来实现不同设备之间的信息交换。为了达到信息交换的目的，IEC 61850-8-1 部分定义了抽象服务到 MMS 的标准映射，即特定通信服务映射（SCSM）。特殊通信服务映射 SCSM 就是将 IEC 61850-7-2 提供的抽象服务映射到 MMS 以及其他的 TCP/IP 与以太网。在 IEC61850-7-2 中定义的不同控制模块通过 SCSM 被映射到 MMS 中的各个部分（如虚拟制造设备 VMD、域 Domain、命名变量、命名变量列表、日志、文件管理等），控制模块包含的服务则被映射到 MMS 类的相应服务中去。通过特殊通信服务映射 SCSM，ACSI 与 MMS 之间建立起一一对应的关系，ACSI 的对象（即 IEC 61850-7-2 中定义的类模型）与 MMS 的对象一一对应，每个对象内所提供的服务也一一对应。

② 间隔层与过程层的网络映射

ACSI 到单向多路点对点的串行通信连接用于电子式电流互感器和电压互感器，输出的数字信号通过合并单元（MU）传输到电子式测量仪器和电子式保护设备。IEC 61850-7-

2 定义的采样值传输类模型及其服务通过 IEC 61850-9-1 定义的特殊通信服务映射 SCSM 与 OSI 通信栈的链路层直接建立单向多路点对点的连接，从而实现采样值的传输，其中链路层遵循 ISO/IEC 8802-3 标准。IEC 61850-9-2 定义的特殊通信服务映射 SCSM 是对 IEC 61850-9-1 的补充，目的在于实现采样值模型及其服务到通信栈的完全映射。61850-7-2 定义的采样值传输类模型及其服务通过特殊通信服务映射 SCSM，在混合通信栈的基础上，利用对 ISO/IEC 8802-3 过程总线的直接访问来实现采样值的传输。

③ MMS 技术的应用

制造报文规范 MMS（manufacturing message specification）是由国际标准化组织 ISO 工业自动化技术委员会 TC184 制定的一套用于开发和维护工业自动化系统的独立国际标准报文规范。MMS 通过对真实设备及其功能进行建模的方法，实现网络环境下计算机应用程序或智能电子设备 IED 之间数据和监控信息的实时交换。国际标准化组织出台 MMS 的目的是规范工业领域具有通信能力的智能传感器、智能电子设备 IED、智能控制设备的通信行为，使出自不同制造商的设备之间具有互操作性，使系统集成变得简单、方便。

MMS 独立于应用程序与设备的开发者，所提供的服务非常通用，适用于多种设备、应用和工业部门。现在 MMS 已经广泛用于汽车、航空、化工等工业自动化领域，也广泛用于工业过程控制、工业机器人等领域。

出台 MMS 的主要目的是为设备及计算机应用规范标准的通信机制，以实现高层次的互操作性。为了达到这个目标，MMS 除了定义公共报文（或协议）的形式外，还提供了以下定义：

a. 对象。MMS 定义了公共对象集（如变量）及其网络可见属性（如名称、数值、类型）。"对象"是静态的概念，存在于服务器方，它以一定的数据结构关系间接体现了实际设备各个部分的状态、工况以及功能等方面的属性。MMS 标准共定义了 16 类对象，其中每个 MMS 应用都必须包含至少一个 VMD 对象。VMD 在整个 MMS 的对象结构中处于根的位置，其所具有的属性定义了设备的名称、型号、生产厂商、控制系统动静态资源等 VMD 的各种总体特性。除 VMD 对象外，MMS 所定义的其他 15 类对象都包含于 VMD 对象中而成为它的子对象，有些类型的对象还可包含于其他子对象中而成为更深层的子对象。

b. 服务。MMS 定义了通信服务集（如读、写）用于网络环境下对象的访问及管理。MMS 中的"服务"是动态的概念，MMS 通信中通常由一方发出服务请求，由另一方根据服务请求的内容来完成相应的操作，而服务本身则定义了 MMS 所能支持的各种通信控制操作。在 MMS 协议中定义了 80 多种类型的服务，涵盖了包括定义对象、执行程序、读取状态、设置参数等多种类型的操作。这些服务按其应答方式可分为证实型服务和非证实型服务两大类。证实型服务要求服务的发起方必须在得到接收方传回的响应信息后才能认为服务结束，而非证实型服务的发起方在发出服务请求后就可以认为服务结束。在MMS中，绝大多数服务类型都为证实型服务，而非证实型服务仅包含报告状态等几种对设备运行不起关键作用的服务类型。

c. 行为。MMS定义了设备处理服务时表现出来的网络可见行为。

对象、服务及行为的定义构成了设备与应用通信的全面、广泛的定义，在MMS中即所谓的虚拟制造设备模型。

以前MMS在电力系统远动通信协议中并无应用，但近来情况有所变化。国际电工技术委员会第57技术委员会（IEC TC57）推出的IEC 60870-6 TASE.2系列标准定义了EMS和SCADA等电力控制中心之间的通信协议，该协议采用面向对象建模技术，其底层直接映射到MMS上。IEC 61850标准采用分层、面向对象建模等多种新技术，其底层也直接映射到MMS上。可见MMS在电力系统远动通信协议中的应用越来越广泛。

（四）信息模型

在IEC 61850标准出台之前，传输信息的方法是变电站的远动设备的某个信息，要和调度控制中心的数据库预先约定，一一对应，这样才能正确反映现场设备的状态；在现场验收前，必须将每一个信息动作一次，以验证其正确性，这种技术是面向信号点的。由于新的技术不断发展，变电站内的新应用功能不断出现，需要传输新的信息，已经定义好的协议可能无法传输这些新的信息，使得新功能的应用受到限制。采用面向对象自我描述方法就可以适应这种形势发展的要求，不受预先约定的限制，什么样的信息都可以传输，但是传输时开销增加。由于网络技术的发展，传输速率提高，而使得面向对象自我描述方法的实现成为可能。

IEC 61850标准对于信息均采用面向对象自我描述的方法，在数据源就对数据进行自我描述，传输到接收方的数据都带有自我说明，不需要再对数据进行工程物理量对应、标度转换等工作。因数据本身带有说明，这就可以不受预先定义的限制进行传输，马上建立数据库，使得现场验收的验证工作大大简化，数据库的维护工作量大大减少。

IEC 61850-7-3，IEC 61850-7-4定义了各类（单元）数据对象和逻辑节点、逻辑设备的代码，IEC 61850-7-2定义了用这些代码组成完整地描述数据对象的方法和一套面向对象的服务。IEC 61850-7-3、IEC 61850-7-4提供了90多种逻辑节点名字代码和350多种数据对象代码，并规定了一套数据对象代码组成00的方法，还定义了一套面向对象的服务。这3部分有机地结合在一起，完善地解决了面向对象自我描述的问题。

（1）功能建模

整个变电站对象从逻辑上可以看作是由分布于变电站自动化系统中完成各个功能模块的逻辑设备构成的，而逻辑设备中的各个功能模块又由若干个相关子功能块，即逻辑节点（logic node）组成，并通过它的载体 IED 设备实现运行，如图 4-50 所示。逻辑节点是功能组合的基础块，也是通信功能的具体体现。逻辑节点类似积木块，可以搭建组成任意功能，而且可分布于各个 IED 设备中。逻辑节点本身进行了很好的封装，各个逻辑节点之间通过逻辑连接（logic connect）进行信息交换。

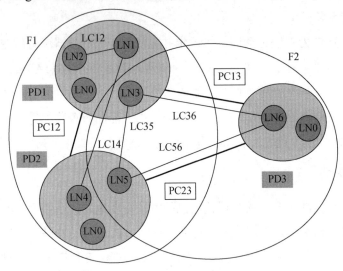

图 4-50　设备、功能、逻辑节点与逻辑连接的关系

F（F1、F2）——功能，即变电站自动化系统执行的任务；PD（PD1、PD2、PD3）——物理设备；
PC（PC12、PC13、PC23）——物理连接；LN（LN0～LN6）——用来交换数据的功能的最小单位；
LC（LC××）——逻辑节点之间的逻辑连接

逻辑连接是一种虚连接，主要用于交换逻辑节点之间的通信信息片 PICOM（piece of information communication）。逻辑连接映射到物理连接，实现节点之间的信息交换。PICOM 通过 ACSI 服务实现传输。逻辑节点的功能任意分布特性和它们之间的信息交换使变电站自动化系统真正实现了功能级的分布特性。整个 IEC 61850 标准定义了上百个逻辑节点，涵盖了保护、控制和测量设备以及一次设备等变电站设备的功能。逻辑节点具有可扩展性，扩展后的逻辑节点通过数据对象的自描述特性可以很容易地和已有的逻辑节点兼容。逻辑节点 0（LLN0）和物理设备信息逻辑节点（LPHD）是基本逻辑节点的特例。其中 LPHD 逻辑节点描述物理设备参数，包括物理设备铭牌、设备的状态、故障、热启动次数、上电检测等；LLN0 是逻辑设备全局参数的描述，它的数据与功能无关，只记录逻辑设备自身的一些信息，如逻辑设备铭牌、运行时间、自诊断结果等。其他功能逻辑节点在基本逻辑节点的基础上可根据自己的需要添加可控数据、状态信息等其他数据对象。

每个接收逻辑节点（receiving LN）应该知道需要什么样的数据来实现任务，也就是说，它应该能检查所接收的数据是否完整与有效。在变电站自动化这样的实时系统中，最重要的有效性指标就是数据的时效。发送逻辑节点（sending LN）设置大部分的质量属性，接收逻辑节点的任务则是判断数据是否过时。

在以上的要求中，发送逻辑节点是主要的数据来源，保有这些数据大多数的最新值。接收逻辑节点对这些数据进行处理，然后用于某些相关的功能。如果数据遭到破坏或者丢失，则接收逻辑节点不能按照正常的方式运行，但是可能处于降级方式。因此，逻辑节点在正常和降级两种方式下的行为都必须予以充分的定义。降级情况下功能的行为必须根据功能自身的情况单独设计，但是需要借助于标准化的报文或正确的数据质量属性，将情况通知给分布功能的其他逻辑节点以及管理系统，以便它们采取适当的措施。

（2）数据建模

逻辑节点由若干个数据对象组成，数据对象是 ACSI 服务访问的基本元素，也是设备间交换信息的基本单元。IEC 61850 根据标准的命名规则，定义了近 30 种数据对象名。数据对象是由公共数据类 CDC（common data class）定义产生的对象实体。

对象的继承性和多态性使同一公共数据类产生的对象属性不同。如逻辑节点 LLN0 中的数据对象 Beh 和 Health 都是由公共数据类的"整型状态信息类 ISI"定义产生的，但二者产生的实例定义有很大不同。Beh 对象的 stVal 值定义为 On、Block、Test、Test/Block、 Off，而 Health 对象的 stVal 值定义为 Ok、Warning、Alarm。正是这一特性实现了用不到 20 个的公共数据类产生近 400 种不同的数据对象。

应用功能与信息的分解过程是为了获得多数的公共逻辑节点。首先根据 IEC 61850-5 中已经定义好的变电站某个应用功能的通信需求，将该应用功能分解成相应的个体，然后将每个个体所包含的需求信息封装在一组内，每组所包含的信息代表特定含义的公共组并且能够被重复使用，这些组别在 IEC 61850-7-3 中被定义为公共数据类 CDC（common data class），每组所包含的信息在 IEC 61850-7-3 中被定义为数据属性（data attribute）。IEC 61850-7-3 中定义了 30 种公共数据用于表示状态、测量、可控状态、可控模拟量、状态设置以及模拟量设置等信息。

信息模型的创建过程是利用逻辑节点搭建设备模型，首先使用已经定义好的公共数据类来定义数据类（data class），这些数据类属于专门的公共数据类并且每个数据（data）都继承了相应公共数据的数据属性。IEC 61850-7-4 中定义了这些数据代表的含义。将所需的数据组合在一起就构成了一个逻辑节点，相关的逻辑节点就构成了变电站自动化系统的某个特定功能，并且逻辑节点可以被重复用于描述不同结构和型号的同种设备所具有的公共信息。IEC 61850-7-4 中定义了大约 90 个逻辑节点，使用到约 450 个数据。

（3）变电站配置描述语言

IEC 61850-6 中定义了变电站配置描述语言（substation configuration description language，SCL），SCL 是一种用来描述与通信相关的智能电子设备结构和参数、通信系统结构、开关间隔（功能）结构及它们之间关系的文件格式。变电站配置描述语言适用于描述按照 IEC 61850-5 和 IEC 61850-7-x 标准实现的智能电子设备配置和通信系统，规范描述变电站自动化系统和过程间关系。

变电站配置描述语言允许将智能电子设备配置的描述传递给通信和应用系统工程工具，也可以以某种兼容的方式，将整个系统的配置描述返传给智能电子设备的配置工具。主要目的就是使通信系统配置数据可在不同制造商提供的智能电子设备配置工具和系统配置工具之间实现可互操作交换。这意味着其能够描述以下类型：

① 系统规范。依据电气主接线图以及分配给电气接线各部分及设备的逻辑节点，说明所需要的功能。

② 有固定数量逻辑节点但没有与具体过程绑定的预配置智能电子设备。该智能电子设备可仅与非常通用的过程功能部分相关。

③ 用于一定结构的过程部分，具有预配置语义的预配置智能电子设备，如双母线采用气体绝缘组合电器的线路，或一个已经配置过程或自动化系统的部分。

④ 具有全部智能电子设备的完整过程配置。这些智能电子设备已与各个过程功能和一次设备绑定。

⑤ 同 ④，但增加全部预定义的关联及数据对象层逻辑节点间客户服务器连接。若智能电子设备不能动态建立关联或报告连接，才需要预先建立关联（在客户端或服务器端）。

（五）一致性测试

一致性测试是验证 IED 通信接口与标准要求的一致性。它验证串行链路上数据流与有关标准条件的一致性，如访问组织、帧格式、位顺序、时间同步、定时、信号形式和电平，以及对错误的处理。

测试方应进行以被测方提供的在 PICS（协议实现一致性陈述）、PIXIT（协议实现额外的信息）和 MICS（模型实现一致性陈述）中定义的能力为基础的一致性测试。在提交被测试设备时，被测方还应提供以下信息：

（1）PICS，对 IEC 61850 标准的通信服务实现进行说明；

（2）PIXIT，包括系统特定信息，涉及被测系统的容量；

（3）MICS，对数据模型进行说明；

（4）设备安装和操作的详细的指令指南。

一致性测试的要求分为两类：① 静态一致性需求，对其测试通过静态一致性分析来实现；② 动态一致性需求，对其测试通过测试行为来进行。

静态和动态的一致性需求应该在 PICS 内，PICS 用于以下三种目的：

（1）适当的测试集的选择；

（2）保证执行的测试适合一致性要求；

（3）为静态一致性观察提供基础。

二、IEC 61850 标准工程继电保护应用模型

IEC 61850 标准与以前变电站内通信标准的主要不同之处在于对象建模，它以服务器（server）、逻辑设备（logic device）、逻辑节点（logic node）、数据对象（data object）、数据属性（data attribute）为基础建立了装置和整个变电站的数据模型，并使用统一的变电站配置描述语言 SCL 描述这些数据模型，从而使得装置和变电站的数据变得透明化，增加了数据的确定性，满足了数据读取和互操作的要求。

IEC 61850 标准对公共数据类、兼容的逻辑节点类进行了描述，但是这些公共数据类、兼容的逻辑节点类依然有很多可选项供各个设备厂商自行选择，按照标准也可以由各个厂商自行扩充数据。由于国内保护的特点，IEC 61850 标准中已定义的保护逻辑节点和数据对象往往无法满足国内保护的应用要求。在国内早期 IEC 61850 标准变电站工程实施中，各二次设备制造厂商往往根据自己对标准的理解，自行扩充数据类型和数据对象，经常出现数据类型冲突，不同厂家的装置与监控系统相互配合非常困难，大大延长了工程实施的时间。不规范的装置模型文件（ICD 文件）非常难于理解，也不利于 IEC 61850 标准的进一步应用研究和开发。因此，依据相关标准化设计规范（《线路保护及辅助装置标准化设计规范》和《变压器、高压并联电抗器和母线保护及辅助装置标准化设计规范》），对保护定值的数据类型、命名及所属逻辑节点等进行统一规范，这在 IEC 61850 标准工程化应用中是非常必要的。

IEC 61850 标准只规定了输入信号的外部引用表示方法，没有规定外部引用与装置内部信号映射的方法，采用 IEC 61850 标准进行装置间实时的开关量信号、采样值信号传

输，不同厂家的数据类型定义、信号含义不同，大大增加了工程实施的复杂度。因此，有必要提出 GOOSE 和 SV 虚端子的概念，使用工具进行装置间信号连接的配置。

基于上述原因，国家电网公司制定了适用于 IEC 61850 标准工程的继电保护应用模型标准，对逻辑节点类、扩充的公共数据类、数据类型、数据属性类型、GOOSE、SV、典型装置的模型等内容进行统一规范。Q/GDW 396—2009《IEC 61850 工程继电保护应用模型》于 2010 年 2 月正式发布，2012 年又进行了修编。

Q/GDW 396《IEC 61850 工程继电保护应用模型》是 IEC 61850 标准的细化和补充，规范了 IEC 61850 标准中不明确的部分。Q/GDW 396 统一了 IEC 61850 标准应用的数据类型定义，以避免因各制造厂商数据类型不统一引起数据类型冲突，以及因各种数据类型支持不同导致实施困难；还统一了几种典型类型的设备所包含的逻辑节点的列表，对于一个包含多个虚拟设备的装置，该装置的各个虚拟设备应参照对应类型设备的逻辑节点列表进行建模。Q/GDW 396—2009 以 Q/GDW 161—2007《线路保护及辅助装置标准化设计规范》、Q/GDW175—2008《变压器、高压并联电抗器和母线保护及辅助装置标准化设计规范》为基础扩充了各种保护所包含的逻辑节点和逻辑节点中的数据对象，规范了配置的技术条款、IED 的具体应用模型、应用服务实现方式、MMS 双网冗余机制、GOOSE 模型和实施规范、SV 模型和实施规范、物理端口描述、检修处理机制。

Q/GDW 396 规定了变电站应用 IEC 61850 标准时变电站通信网络和系统的配置、模型和服务，规定了功能、语法、语义的统一性以及选用参数的规范性，并规定了在实际应用中扩充模型应遵循的原则；还规定了变电站应用 IEC 61850 标准建模原则、LN 实例化建模原则，并按设备类型分类建模，如线路保护模型、变压器保护模型等；规定了关联、数据读写、报告、控制、取代、定值、文件和日志等服务的实现原则；阐述了 MMS、GOOSE 双网机制的实现方式；对 GOOSE、SV 的配置、告警和收发机制做了明确规定；规定了装置检修的处理方法。Q/GDW 396 还给出了逻辑节点类、公用数据类统一扩充定义、统一数据类型和数据属性类型、故障报告文件格式和服务一致性要求，给出了逻辑节点前缀及命名示例、过程层虚端子 CRC 校验码生成原则和物理端口描述示例。

智能变电站继电保护设计开发中建模工作应遵循上述规定。规范各制造厂家 IEC 61850 标准设备的建模、提高设备模型的规范性，可以减少各厂家实现的不一致，保证设备的互操作性，提高变电站二次设备调试的效率，减少工程实施中的协调需求，缩短基建工期；可以提高变电站扩建、技改的可维护性，使 IEC 61850 标准设备增加、更换更加容易。

三、配置工具与配置方法

IEC 61850 标准规范了数据的命名、数据定义、设备行为、设备的自描述特征和通用配置语言，能够实现不同厂家提供的智能电子设备 IED 之间的互操作和无缝连接。使用变电站配置语言对系统及设备进行统一配置，可以方便地描述变电站内设备的基本功能和可访问的信息模型，以及整个系统的组织结构和功能分布，为变电站内通信的实现做好基础性一环，对于系统互操作的实现具有重要意义。

智能（数字化）变电站工程配置工具、配置文件、配置流程应符合 DL/T 1146《DL/T 860 实施技术规范》。配置流程如图 4-51 所示。

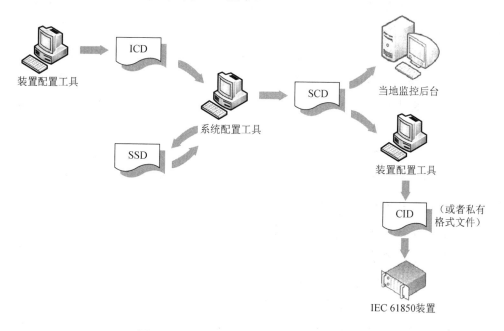

图 4-51　IEC 61850 标准变电站配置流程图

变电站系统在进行配置的过程中，要用到四种类型的 SCL 文件，分别为 IED 功能描述（ICD）文件、配置 IED 功能描述（CID）文件、系统规格描述（SSD）文件和变电站配置描述（SCD）文件。这四种文件本质上都是 XML 文件，只是用不同的后缀加以区别。其中 ICD 和 CID 文件主要侧重于描述 IED 部分的内容，而 SSD 和 SCD 文件则主要用于描述整个变电站的系统级功能，分别由 IED 配置工具和系统配置工具进行功能和参数的配置。

ICD 文件由装置制造厂商提供给系统集成厂商，描述了 IED 提供的基本数据模型及服务，但不包含 IED 实例名称和通信参数。ICD 文件包含模型自描述信息、版本修改信息等内容。

SCD 文件为全站统一的数据源，描述了所有 IED 的实例配置和通信参数、IED 之间的通信配置以及变电站一次系统结构，以及信号联系信息，由系统集成厂商完成。SCD 文件应包含版本修改信息，明确描述修改时间、修改版本号等内容。

SSD 文件描述了变电站一次系统结构以及相关联的逻辑节点，最终包含在 SCD 文件中。

CID 文件由装置制造厂商使用装置配置工具根据 SCD 文件中与特定的 IED 的相关信息自动导出生成，是具体工程实例化的装置配置文件。

IED 配置工具主要完成 CID 及相关配置文件（GOOSE 配置文件、数据集映射文件等）的生成和下载工作，可以通过 ICD 文件进行实例化生成，也可以从系统配置 SCD 文件中提取相关信息获得。配置工作的实质就是根据变电站系统运行的实际情况及 IED 61850 标准的约束规范对 SCL 文件的内容进行编辑和修改的过程。而配置工具的主要工作就是为用户提供可视化的配置界面以及对文件的编辑、修改、校验等操作功能，从而实现 IED 的配置。

智能变电站工程配置流程如下：

（1）产品制造商提供 IED 的出厂配置信息，即 IED 的功能描述 ICD 文件。ICD 文件通常包括装置模型和数据类型模型。

（2）设计人员根据变电站系统一次接线图、功能配置，生成系统的规格描述 SSD 文件。该文件描述了变电站内一次设备的连接关系以及所关联的功能逻辑节点。SSD 中功能逻辑节点尚未指定到具体的 IED。SSD 文件通常包括变电站模型。

（3）工程维护人员根据变电站现场运行情况，读取各厂家智能电子装置的 ICD 文件，对变电站内的通信信息进行配置，对装置间 GOOSE/SMV 信息进行配置，对描述系数信息进行配置，最后生成变电站系统配置描述 SCD 文件。该文件包含了变电站内所有的智能电子设备、通信以及变电站模型的配置。SCD 文件中的变电站功能逻辑节点已经和具体的智能电子装置关联，通过逻辑节点建立起变电站一次系统和智能电子装置之间的关系。

（4）从 SCD 文件拆分出和工程相关的实例化了的装置配置 CID 文件（可能会包含一些私有文件）。

（5）使用装置配置工具将实例化的 CID 文件（及一些私有文件）一一下装到对应的保护、测控等装置中。

目前国内主流保护厂商都开发了各自的 IED 装置配置工具和系统配置工具。

系统配置工具的主要功能包括：① SCL 文件的导入、编辑、导出处理；② 简单数据检查；③ 短地址配置；④ GOOSE 配置；⑤ SMV 配置；⑥ 装置文件配置；⑦ 描述配置；⑧ 参数配置；⑨ 网络配置；⑩ 图形化的人机界面。

利用系统配置工具进行变电站组态的过程包括以下三个阶段：

（1）配置前：应获知全站 IED 数目，IED 所属厂家、型号等信息；获取 IED 对应的模型文件（ICD 文件）；获知全站网络配置情况，包括 MMS 网、GOOSE 网、SV 网个数以及装置间通信方式；获取全站子网掩码、IP 地址、MAC 地址等信息；获取全站 GOOSE/SMV 收发信息，包括装置之间、控制块之间、控制块中具体数据对应关系。

（2）配置时的工作：导入 ICD 文件创建 IED 实例；配置网络信息，如装置的 IP 地址、子网掩码等信息；配置 GOOSE 收发关系；配置 SMV 收发关系；配置描述；配置装置参数。

（3）配置完成后：导出 SCD 文件、CID 文件和私有文件。

IED 配置工具的主要功能包括：① 将 CID 文件下载到 IED 装置中；② 新建 ICD 文件；③ 配置 ICD 文件；④ 生成 CID 文件；⑤ 模板维护；⑥ 协议校验；⑦ CID、ICD 文件校验；⑧ 图形化的人机界面。

第六节　分布式母线保护实现技术

相比于集中式母线保护，分布式母线保护的 SV 接口和 GOOSE 接口分散在多个子单元装置中配置，主单元装置设计比较容易实现，功耗、散热等问题也比较容易解决。但也需要解决两个重点问题：一是大量数据的可靠、实时传输；二是高精度的同步采样。

一、整体设计

分布式母线保护装置整体设计方案如图 4-52 所示。图中 BU 为从机处理单元（子单元），CU 为主机处理单元（主单元），BU 与 CU 之间通过光纤连接。负责电流采集的合并单元及点对点传输的 GOOSE 开关量通过光纤与从机单元 BU 连接，负责电压采集的合并单元及网络传输的 GOOSE 开关量通过光纤与主机单元 CU 连接。

分布式母线保护的主机单元与从机单元的硬件配置如图 4-53 所示。CU 共有 4 种功能插件，即保护管理插件、逻辑运算插件、与从机通信插件及过程层通信插件。保护管理插件由高性能的嵌入式处理器、存储器、以太网控制器及其他外设组成，实现对整个装置的

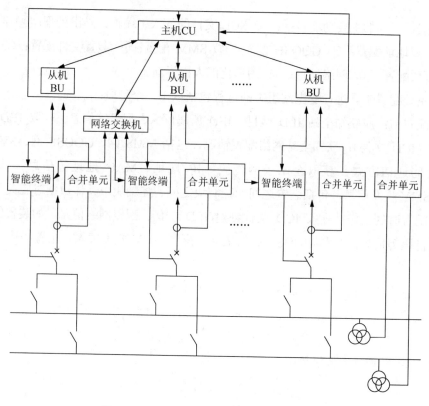

图 4-52　分布式母线保护装置整体设计方案

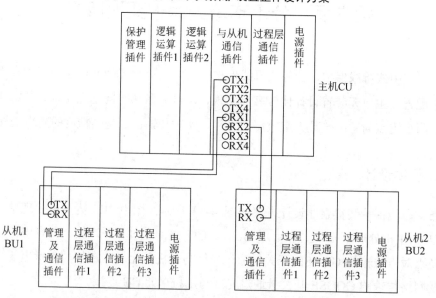

图 4-53　分布式母线保护的主机与从机单元硬件配置

管理、人机界面、通信和录波等功能。逻辑运算插件由高性能的数字信号处理器及其他外设组成，它通过高速数据总线与从机通信插件及 CU 过程层通信插件通信，接收 SV 数据及 GOOSE 开关量数据。两块逻辑运算插件接收的 SMV 数据完全独立，以保证某一路采样数据无效的情况下可靠闭锁保护。与从机通信插件由高性能的数字信号处理器、4 组光纤收发口及其他外设组成，负责 CU 与 BU 之间通信，每块与从机通信插件可连接 4 个 BU。它接收 BU 打包上送的电流 SV 数据及点对点 GOOSE 开关量数据，解压缩后传输给 CU，并接收 CU 的跳闸命令，打包后发送给 BU。过程层通信插件由高性能的数字信号处理器、8 个百兆光纤以太网接口组成。插件支持 GOOSE 接口和 SV（IEC61850-9-2）接口，负责接收电压 SV 数据及网络传输的 GOOSE 开关量数据并传输给逻辑运算插件。

BU 共有两种功能插件，即管理及通信插件和过程层通信插件。管理及通信插件由高性能的数字信号处理器、一组光纤收发接口及其他外设组成，它通过光纤与 CU 的从机通信插件连接，完成与 CU 的通信，并通过高速数据总线与 BU 过程层通信插件通信，接收电流 SV 数据及点对点 GOOSE 开关量数据，再打包后传输给 CU，接收 CU 下发的 GOOSE 跳闸命令并传输给过程层通信插件。过程层通信插件负责接收点对点采样数据，并向智能终端发送跳闸命令。每块过程层通信插件由 8 个百兆光纤以太网接口组成，连接 4 个间隔，因此每个 BU 可以接收共 12 个间隔的点对点采样数据。

二、大容量数据的可靠实时传输

应用于智能变电站的分布式母线保护的每个从机单元（BU）负责采集间隔的 SV 及 GOOSE 信号并上送给主机单元（CU）进行保护逻辑运算并接收 CU 下发的保护跳闸命令，实现开关跳闸，因此保证 CU 与 BU 间可靠、实时通信是分布式母线保护的关键之一。

针对 SMV 信号，目前 MU 传送给 BU 的采样频率广泛采用 4 000 点/s。每间隔数字量通常包含保护用电流、电压及测量用电流、电流等 12 路数据，以 12 个间隔、4 000 点/s、16 位数据为例，BU 每秒需要传送给 CU 的数据量为 $24×12×16×80×50≈18$ Mb/s；此外 BU 还需要将每个间隔的 SV 信号的品质状态上送给 CU。针对 GOOSE 信号，从机单元负责采集每个间隔的断路器位置（动合、动断触点）及每个间隔每条母线的隔离开关位置（动合、动断触点），并将每个开入的 GOOSE 品质位上送给 CU，以 12 个间隔，每个间隔传送 16 个 GOOSE 开关量及 GOOSE 开关量状态为例，BU 每秒传送给 CU 的数据量为 $12×16×16×2×50≈307$ kb/s。如果 BU 不预先对 SV 及 GOOSE 信号进行处理，将给 BU 和 CU 间的光纤传输造成很大的负担。

为解决上述问题，BU 对 SV 及 GOOSE 信号进行了以下处理：

（1）BU 对每个间隔的 SV 信号首先进行插值算法处理，即 4 000 点/s 的采样数据通过插值算法后变为 1 200 点/s，且只上送保护用电流及测量用电流，舍弃其他不需要的数字量。

（2）BU 将每个间隔的 SMV 品质状态按位处理，这样 1 个字（16 bit）即可传送 2 个间隔采样数据的品质位。

（3）BU 对每个间隔的 GOOSE 开关量及 GOOSE 开关量状态按位处理，这样 2 个字（16×2 bit）即可传送一个间隔的 GOOSE 开关量及 GOOSE 开关量状态。

（4）BU 与 CU 之间的数据传输采用自定义规约。

通过以上处理，BU 和 CU 间的传输速率要求大大下降，目前 BU 与 CU 间的光纤传输速率为 10 Mb/s，需要交换的数据量仅为 134 kb/s，可以充分保证 BU 与 CU 间数据的实时传输。

三、采样同步

差动保护计算所需的各个间隔的电流采样数据必须是同一时刻的值，因此必须解决各个子单元间的采样同步问题。采样同步的好坏，直接影响到差动保护的性能。采用 GPS 同步时钟为每个间隔单元对时的方案在技术上是可行的，但增加了硬件的复杂性，更重要的是当同步时钟受到电磁干扰或同步时钟失去时，差动保护的安全问题更令人担忧。间隔单元采样同步时钟只要求相对时钟准确，对绝对时间没有要求，如何在不增加硬件和通信网络负担的前提下，解决间隔单元的采样同步性问题，也是分布式母线保护要解决的一个关键性技术问题。

为此，设计了不依赖于 GPS 的同步方案。CU 通过光纤向 BU 发布时间基准，BU 记录下 CU 发送过来的时间基准，并将此时间基准与 BU 插件自身的中断时刻做比较，将二者的差值与同步基准做比较后自动调整 BU 采样中断，以保证各个 BU 发送给 CU 的 SV 数据为同一时刻采样值，同步精度可保证为 5 μs，完全满足跨间隔数据采样同步的要求。

四、保护功能配置

与集中式母线保护相同，分布式母线保护装置配置了母线差动保护、母联失灵保护、母联死区保护及断路器失灵保护功能。1 套分布式母差最多可接入 4 个 BU，每个 BU 可接收 12 个间隔的 SV 及 GOOSE 信号，最大可支持 48 个间隔。针对不同的主接线方式只需根据实际情况对间隔单元进行配置即可，不需修改保护主程序。母线保护的差动支路构成灵活可靠，而不是只能适应已知的主接线形式。

分布式母差为每个支路提供 GOOSE 接收和发送软压板，用来控制每个支路的 GOOSE 开入开出。此外还为每个支路设置了支路使能软压板，用以控制支路的 GOOSE 及 SV 使能。当支路投入、软压板退出时，相应间隔的电流将退出差流计算，并屏蔽相关链路报警。若支路投入、软压板退出时相应间隔有电流，装置发"支路退出异常"报警信号，相应支路电流不退出差流计算。

为了防止单一通道数据异常导致保护装置被闭锁，装置按照光纤数据通道的异常状态有选择性地闭锁相关的保护元件。具体原则如下：

（1）采样数据无效时采样值不清零，仍显示无效的采样值。

（2）某段母线电压通道数据异常不闭锁保护，但开放该段母线电压闭锁。

（3）支路电流通道数据异常，闭锁差动保护及相应支路的失灵保护，其他支路的失灵保护不受影响。

（4）母联支路电流通道数据异常，闭锁母联保护，母联所连接的两条母线自动置互联。

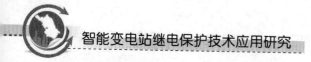

第五章

继电保护系统测试技术

继电保护系统的作用是当电力系统中的电力元件或者电力系统本身发生了故障威胁到电力系统安全运行时，在可能实现的最短时间和最小区域内，直接控制断路器跳闸，自动将故障设备从系统中切除，或发出信号由值班人员消除异常工况根源，以减轻或避免设备的损坏和对相邻地区供电的影响，从而起到保护电力系统设备元件和电路的作用。

因此，对于继电保护系统来说，在投运前不仅需要按照标准进行继电保护装置测试及系统组成设备的测试，以保证构成系统的设备装置本身具有良好性能，还需要在继电保护系统各种运行工况下进行继电保护及相关一、二次设备的系统测试，以保证继电保护装置和其他设备组成的回路以及继电保护系统的完整性和正确性。

第一节　继电保护系统测试基础

智能变电站继电保护系统各组成设备的测试内容及测试技术，包括电子式互感器的精度测试、采样延时测试、同步性能测试，合并单元的 SV 报文检验、同步性能检验、电压切换并列检验、准确度测试及传输延时测试，光纤回路的链路检查及光衰检验等，本章将对继电保护系统在各设备单体测试完成之后、装置投运前的测试项目及方法进行阐述。

一、系统测试内容

系统测试起源于计算机系统的软件测试，是将已经确认的软件、计算机硬件、外部设备、网络等其他元素结合在一起，进行信息系统的各种组装测试和确认测试。系统测试是针对整个产品系统进行的测试，目的是验证系统是否满足需求的规格，找出与需求规格不符或与之矛盾的地方，从而提出更加完善的方案。系统测试发现同题之后要经过调试找出错误原因和位置，然后进行改正。系统测试是基于系统整体需求说明书的黑盒类测试，应覆盖系统所有联合的部件，对象不仅仅包括需测试的软件，还要包含软件所依赖的硬件、外部设备，甚至包括某些数据、某些支持软件及其接口等。

对于变电站继电保护系统来说，系统测试是指系统各部分完成装置测试、互联互通一致性检查后，对继电保护系统现场安装的正确性、系统级功能、高级应用、电压以及电流回路的测试，它直接面向变电站实际运行状态和功能，属于现场级测试，是变电站检测工作的重点。

对 Q/GDW 1809—2012 规定的变电站继电保护测试项目可以进行如下分类：属于继电保护装置功能测试的项目为回路检验、绝缘检查、开关量输入回路检验、输出触点及输出信号检查、模数变换系统检验、整定值的整定及检验、纵联保护通道检验、操作箱检验；属于系统测试的项目为整组试验、与厂站自动化系统、继电保护及故障信息管理系统配合检验；装置投运属于投运过程中的检验项目，需要利用一次电流及工作电压进行检验。

因此继电保护系统测试可以认为是在继电保护装置功能测试完成之后，装置投运之前所进行的用于保证继电保护系统完整性和正确性的测试项目。测试对象为继电保护系统，测试项目包括整组试验和与厂站自动化系统、继电保护及故障信息管理系统配合检验。

1. 整组试验

整组试验是指装置在做完每一套单独保护（元件）的整定检验后，将同一被保护设备的所有保护装置连在一起进行整组的检查试验，以校验各装置在故障及重合闸过程中的动作情况和保护回路设计正确性及其调试质量。整组试验作为装置投运前最后一道检查，其特点是：试验时应使二次回路和保护装置处于真实运行工况下，需要模拟各种故障，用所有保护带实际断路器进行。整组试验着重验证同一被保护设备的所有保护装置之间的相互配合，可以验证在故障和重合闸过程中，保护装置采样、逻辑计算、出口至操作箱，最后直到断路器整个跳合闸回路的正确性；同时验证保护装置之间启动失灵、闭锁重合闸等保护配合的正确性。

整组试验检查包括如下内容：

（1）整组试验时应检查各保护之间的配合、装置动作行为、断路器动作行为、保护启动故障录波信号、调度自动化系统信号、中央信号、监控信息等，应正确无误。

（2）借助于传输通道实现的纵联保护、远方跳闸等整组试验，应与传输通道的检验同时进行。必要时，可与线路对侧的相应保护配合一起进行模拟区内、区外故障时保护动作行为的试验。

（3）对装设有综合重合闸装置的线路，应检查各保护及重合闸装置间的相互动作情况与设计相符合性。为减少断路器的跳合次数，试验时应以模拟断路器代替实际的断路器。使用模拟断路器时宜从操作箱出口接入，并与装置、试验器构成闭环。

（4）将保护装置及重合闸装置接到实际的断路器回路中，进行必要的跳合闸试验，以检验各有关跳合闸回路、防止断路器跳跃回路、重合闸停用回路及气（油）压闭锁等相关回路动作的正确性。

（5）检查每一相的电流、电压及断路器跳合闸回路的相别是否一致。

（6）在进行整组试验时，还应检验断路器、合闸线圈的压降不小于额定值的90%。

此外，整组试验还着重检查如下问题：

（1）各套保护间的电压、电流回路的相别及极性是否正确。

（2）在同一类型的故障下应该同时动作的保护，在模拟短路故障中是否均能动作，其信号指示是否正确。

（3）有两个线圈以上的直流继电器的极性连接是否正确，对于用电流启动（或保持）的回路，其动作（或保持）性能是否可靠。

（4）所有相互间存在闭锁关系的回路，其性能是否与设计符合。

（5）所有在运行中需要由运行值班员操作的把手及连接片的连线、名称、位置标号是否正确，在运行过程中与这些设备有关的名称、使用条件是否一致。

（6）中央信号装置的动作及有关光字、音响信号指示是否正确。

（7）各套保护在直流电源正常及异常状态下（自端子排处断开其中一套保护的负电源等）是否存在寄生回路。

（8）断路器跳合闸回路的可靠性，其中装设单相重合闸的线路，验证电压、电流、断路器回路相别的一致性及与断路器跳合闸回路相连的所有信号指示回路的正确性。对于有双跳闸线圈的断路器，应检查两跳闸接线的极性是否一致。

（9）自动重合闸是否能确保按规定的方式动作并保证不发生多次重合情况。

对于智能变电站来说，上述整组试验检查内容和要求也同样适用。除此之外，试验应在网络测试完成后进行，主要包括单间隔试验传动、跨间隔试验传动。整组试验时应从网络记录仪、录波器处查看设备的源地址和目的地址是否正确，GOOSE 心跳报文和 GOOSE 变位报文是否正确传输、变位是否正常等，必要时使用抓包工具进行详细分析。相关智能变电站标准中对继电保护整组试验的描述如下：

（1）整组试验：Q/GDW 1809—2012《智能变电站继电保护检验规程》规定：整组试验是在装置单体试验的基础上，以 SCD 文件为指导，着重验证保护装置之间的相互配合。智能站继电保护整组测试方案同常规保护，参照 DL/T 1995—2016《继电保护和电网安全自动装置检验规程》6.7 节。

（2）整组调试：Q/GDW 10431—2016《智能变电站自动化系统现场调试导则》规定：继电保护整组调试，检查实际继电保护动作逻辑与预设继电保护逻辑策略的一致性。

（3）继电保护传动：Q/GDW 689—2012《智能变电站调试规范》规定：保护整组传动试验按 DL/T 995—2006 执行，配合传动试验检查后台及保护故障信息系统信号及故障信息综合分析功能正确性。

2. 与厂站自动化系统、继电保护及故障信息管理系统配合检验

该部分测试是指配合继电保护整组试验或继电保护传动，检验各种继电保护的动作信息和告警信息的回路正确性及名称的正确性，各种继电保护的动作信息、告警信息、保护状态信息、录波信息及定值信息的传输正确性。对于该项检验，DL/T 1995—2016 说明可结合整组试验一并进行。

二、系统测试方法

系统测试方法主要涉及整组试验，在整组试验的基础上，配合进行厂站自动化系统、继电保护及故障信息管理系统检验。

DL/T 1995-2016 中定义整组试验采用的方法如下：

（1）将同一被保护设备的所有保护装置连在一起，若同一被保护设备的各套保护装置皆接于同一电流互感器二次回路，则按回路的实际接线，自电流互感器引进的第一套保护屏柜的端子排上接入试验电流、电压，以检验各套保护相互间的动作关系是否正确；如果同一被保护设备的各套保护装置分别接于不同的电流回路，则应临时将各套保护的电流回路串联后进行整组试验。

（2）先进行每一套保护的整组试验，每一套保护传动完成后，还需模拟各种故障，用

所有保护带实际断路器进行整组试验。

对于智能变电站继电保护整组试验，Q/GDW 1809—2012《智能变电站继电保护检验规程》中给出了智能变电站继电保护的整组试验方法：采用电子式互感器的场合，通过数字输出保护测试仪给保护装置加入电流、电压及相关的 GOOSE 开入，并通过接收保护的 GOOSE 开出确定保护的动作行为；采用电磁式互感器的场合，通过模拟输出保护测试仪给合并单元加入电流、电压及相关的接点开入，并通过接收保护的 GOOSE 开出确定保护的行为；保护整组测试方案同常规保护，参照 DL/T 995—2006 执行。

1. 整组试验接线

如上所述，智能变电站继电保护整组试验的测试方案与常规站类似，先介绍常规站继电保护的整组试验。目前在变电站现场进行整组试验，通常采用继电保护测试仪进行故障量输出，但接线方式不同于继电保护装置单体调试。单体调试时，继电保护测试仪发送电气量或开入接点至被测保护装置，接收被测保护动作开出接点或告警接点，构成闭环测试；整组试验时，同一被保护设备的所有继电保护装置、二次回路和断路器整个系统作为测试对象，保护测试仪发送电气量或开入接点至被保护设备的所有保护装置，为实现闭环测试需要接收断路器位置接点。以双母接线形式的线路间隔保护试验为例，由于线路间隔的断路器失灵保护集成在母线保护中，因此测试仪需将电气量同时加入线路保护及母线保护，并将线路间隔的断路器位置反馈接入测试仪，如图 5-1 所示。

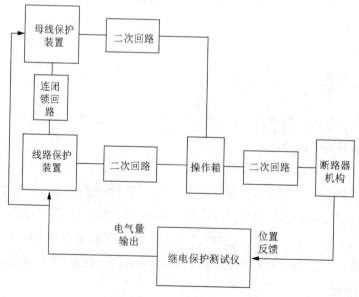

图 5-1　整组试验测试原理图

以双母接线形式的线路间隔保护整组试验为例，测试仪在线路保护屏柜端子排输出线路间隔 A、B、C 三相电流至线路保护装置，同时将电流回路串联接入母线保护屏柜中对应的线路间隔电流回路；输出线路电压至线路保护；输出 I、II 母线 A 相、B 相、C 相电压至线路间隔切换装置，同时将电压回路并联接入母线保护，由线路间隔切换装置根据线路间隔母线侧隔离开关进行切换后，电压输出至线路保护；测试仪接入断路器位置开入接点。此外，为防止在试验过程中母线保护出现差流而导致母差保护误动作，试验前需要退出母差保护或者将线路间隔的电流反极性接入母线保护其他一个间隔，再或者测试仪输出另外一路与线路间隔极性相反的电流回路接入母线保护其他一个间隔，保证在正常运行、故障状态模拟时母线保护不误动作或母线保护无差流。

常规站继电保护采用电磁式互感器二次回路直接接入保护装置，互感器二次侧和保护装置中间没有电气量数据处理变换环节，因此在开关场互感器端子箱处加入电气量和保护屏柜端子排处施加电气量并无本质区别，都是在互感器二次侧施加电气电气量为相同的模拟量。同时，在保护屏柜端子排施加电气量还可以减少测试仪试验线的接线长度。

智能变电站继电保护系统增加了合并单元、智能终端、GOOSE 网络、交换机等环节，互感器二次的电气量和保护装置间经过了合并单元的数据组装、变换、组帧、发送等环节，在保护装置处施加电气量和在合并单元处施加电气量是完全不同的，整组试验较常规变电站继电保护更为复杂。

首先，电气量输入点和采用的互感器类型有关。

对于电子式互感器，电气量输入点如果选在保护装置处（合并单元后），即不经过合并单元，则整组试验缺失合并单元环节，合并单元和保护装置之间联系和运行特性无法得到验证；电气量如果选在合并单元前输入，则需要测试仪输出符合电子式互感器采集器输出协议的电气量给合并单元，一般分为厂家私有协议和 IEC 60044-8 协议，同时，在合并单元施加的电气量还需要考虑不同保护的需求，例如线路保护需要在母线电压合并单元、线路间隔合并单元处分别施加电压、电流电气量，母线保护则需要在母线合并单元、母线各间隔合并单元处分别施加电压、电流电气量，对测试仪输出特性要求高，且开关场内各间隔相隔较远，试验接线复杂，不便于试验的开展。

为方便调试，整组试验可采用数字式保护测试，即在保护装置处施加电气量，并给同一被保护设备的所有保护同时输出电气量的模式，整组试验环节不考虑合并单元。

对于常规互感器，电气量如果选在合并单元前输入，则需要常规测试仪输出模拟量给合并单元，在不同的保护整组试验时，施加在各自合并单元的电气量需要考虑不同保护的需求，例如线路保护需要在母线电压合并单元、线路间隔合并单元处分别施加电压、电流电气量，母线保护则需要在母线合并单元、母线各间隔合并单元处分别施加电压、电流电气量。受合并单元安装地点的影响，各间隔合并单元相距较远，需要长距离电压试验线和电流试验线，使用不方便。电气量输入点如果选在保护装置处（合并单元后），即不经过合并单元，则整组试验缺失合并单元环节，合并单元和保护装置之间联系和运行特性同样无法得到验证。

其次，对于断路器位置反馈，智能变电站继电保护整组动作时间的测试不同于传统测试方法，无须硬接点反馈，只需要订阅相应 GOOSE 报文，利用 GOOSE 报文反馈进行整组测试。动作时间测试时应订阅保护动作报文，如订阅了开关变位报文，需注意其中包括了断路器辅助接点的动作时间，但整组试验中为了减少断路器动作次数，也可采用模拟断路器。因此目前采用方法有两种：一是采用模拟断路器或者实际断路器，利用断路器的位置接点接入保护测试仪形成闭环反馈，采用模拟断路器可以在整组试验过程中减少断路器的跳合次数；二是直接利用实际断路器保护测试仪从智能终端或网络交换机处订阅开关位置信息，接收智能终端的断路器位置 GOOSE 信息形成测试闭环。

以 220 kV 双母接线形式智能站 220 kV 线路间隔继电保护整组试验为例，互感器选用常规互感器，合并单元为模拟量合并单元，保护系统采用直采直跳的模式，线路保护和母线保护之间远方跳闸、启动失灵等关联通过 GOOSE 网络进行信息交互。

合并单元前输入电气量的整组试验测试原理如图 5-2 所示，采用继电保护测试仪输出间隔电流、线路电压模拟量至线路间隔合并单元，输出母线电压模拟量至母线合并单元，模拟量输出如表 5-1 所示；接收断路器位置接点或从 GOOSE 网络订阅断路器位置信息形成闭环。图 5-2 中只输入线路一个间隔的电流，没有进行母线差流的补偿，实际在进行线路保护整组试验过程中，母线保护会出现差流导致母差保护动作，可以将母差保护功能压板退出。如果不退出母差保护压板，那么需要再接入母线一个其他间隔（间隔 n）进行电流补偿，在间隔 n 的合并单元前输入电气量，由于间隔 n 的合并单元不仅给母线保护提供电流，还给间隔 n 的保护（线路、主变压器保护）提供电流，会导致间隔 n 的保护出现差流，可能导致间隔 n 保护误动，需要退出间隔 n 保护的功能软压板。

表 5-1 继电保护测试仪模拟量输出

序号	第 1 路输出	第 2 路输出
1	A 相保护电流	母线 1A 相保护电压
2	B 相保护电流	母线 1B 相保护电压
3	C 相保护电流	母线 1C 相保护电压

续表

序号	第 1 路输出	第 2 路输出
4	线路抽取电压	母线 2A 相保护电压
5	—	母线 2B 相保护电压
6	—	母线 2C 相保护电压
输入点	线路间隔合并单元	母线电压合并单元

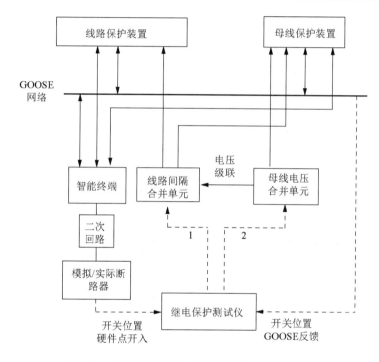

图 5-2　合并单元前输入电气量的整组测试原理图

合并单元后输入电气量的整组试验测试原理如图 5-3 所示，采用数字式保护测试仪根据线路保护、母线保护的 SV 虚端子联系输出对应采样值，第一路光口输出线路保护间隔电流、电压和母线电压采样值至线路保护，第二路光口输出线路间隔电流采样值至母线保护，第三路光口输出母线电压采样值至母线保护，采样值输出如表 5-2 所示。接收断路器位置接点或从 GOOSE 网络订阅断路器位置信息形成闭环。图 5-3 中也只输入线路一个间隔的电流，没有进行母线差流的补偿，实际在进行线路保护整组试验过程中，母线保护会出现差流导致母差保护动作，可以将母差保护功能压板退出。如果不退出母差保护压板，那么需要再接入母线一个其他间隔（间隔 n）进行电流补偿，将间隔 n 至母线保护的采样值光纤接入测试仪输出端口即可。

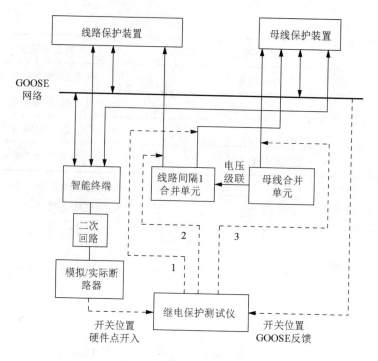

图 5-3 合并单元后输入电气量的整组测试原理图

表 5-2 数字式保护测试仪采样值输出

序号	第一路光口输出	第二路光口输出	第三路光口输出
1	A 相保护电流 1	A 相保护电流 1	母线 1A 相保护电压 1
2	A 相保护电流 2	A 相保护电流 2	母线 1A 相保护电压 2
3	B 相保护电流 1	B 相保护电流 1	母线 1B 相保护电压 1
4	B 相保护电流 2	B 相保护电流 2	母线 1B 相保护电压 2
5	C 相保护电流 1	C 相保护电流 1	母线 1C 相保护电压 1
6	C 相保护电流 2	C 相保护电流 2	母线 1C 相保护电压 2
7	A 相保护电压 1	—	母线 2A 相保护电压 1
8	A 相保护电压 2	—	母线 2A 相保护电压 2
9	B 相保护电压 1	—	母线 2B 相保护电压 1
10	B 相保护电压 2	—	母线 2B 相保护电压 2
11	C 相保护电压 1	—	母线 2C 相保护电压 1
12	C 相保护电压 2	—	母线 2C 相保护电压 2

续表

序号	第一路光口输出	第二路光口输出	第三路光口输出
13	线路抽取电压 1	—	—
14	线路抽取电压 2	—	—
15	额定延时	—	—
输入点	线路保护	母线保护	

2. 整组试验流程

以上述合并单元前的整组试验接线方式为例，模拟一次线路 A 相永久故障进行线路保护整组试验，典型测试流程如表 5-3 所示，在这一测试过程中，可对线路保护动作类型、故障相别判断、整组动作时间、线路保护系统 A 相跳闸、重合闸回路、B、C 相跳闸回路、操作箱动作行为、断路器机构动作行为、故障录波信息、中央信号和调度自动化系统信号等进行测试和验证。从流程可以看出，测试仪输出状态和断路器状态相对应，为了实现故障模拟，测试仪需要引入断路器位置反馈。

表 5-3　线路 A 相永久故障模拟的整组试验典型测试流程

步骤	测试仪输出	模拟一次系统状态	检查线路保护状态	断路器状态
1	正常运行电压、电流	正常运行	正常运行	合闸
2	A 相故障量输出	A 相短路接地	保护启动	合闸
3	A 相故障量输出	A 相短路接地	保护动作	合闸
4	测试仪切除 A 相电流量输出，恢复母线 A 相电压	故障切除	—	断路器 A 相跳闸
5	测试仪切除 A 相电流量输出，恢复母线 A 相电压	故障切除	重合闸动作	断路器 A 相跳闸
6	A 相故障量输出	A 相短路接地	—	断路器 A 相合闸
7	A 相故障量输出	A 相短路接地	保护动作	断路器 A 相合闸
8	测试仪切除 A、B、C 相电流量输出，恢复母线 A 相电压	故障切除	—	断路器 A、B、C 相跳闸

对于线路保护完整的整组试验，根据相关规程还需要分别进行 A 相瞬时性接地，B、C 相接地短路等线路故障模拟，完成线路保护动作类型，故障相别判断，整组动作时间，

线路保护系统 A、B、C 相跳闸，重合闸回路，故障录波信息，中央信号和调度自动化系统信号等信息的测试和验证。测试线路保护和母线保护之间的启动失灵、远方跳闸/远传开入等关联关系，还需要分别进行 A、B、C 相接地故障后断路器拒动模拟，验证线路保护和母线保护中断路器失灵保护的配合关系及动作行为、整组动作时间等。此外，保护整组试验还需在 80%直流电源电压情况下进行检验，验证各二次设备的动作行为和开关跳、合闸的可靠性。

由于现场断路器位置接点数目有限且接入测试仪较为困难，现场整组试验一般采用开环测试的形式，或者采用模拟断路器接入智能终端实现闭环。此外，整组试验一般采用继电保护测试仪的二次故障量静态输出测试方法，通过状态序列组合来实现对一次系统各种故障过程的模拟。状态序列配合过程较为复杂，对于不同一次设备、不同保护装置的整组试验，也需要设置不同的正常和故障状态序列，准备工作耗时较长。在试验时还要对每一个试验过程相应的继电保护装置、操作箱、断路器等设备的动作行为和配合关系及故障录波信号、调度自动化系统信号、中央信号、监控等信息进行对应检查，对调试人员要求具有较强的专业知识和分析能力。

三、智能变电站继电保护系统测试项目

（一）系统测试需求

智能变电站与常规变电站相比，在信息采集、传输、处理各环节均有本质区别，合并单元、智能终端、网络交换机等新型设备及其与继电保护装置等二次设备的整体配合性能均成为影响变电站安全可靠运行的重要因素。智能变电站的继电保护系统在实际建设中，具有信息组织分配关系复杂、逻辑功能关联众多、信息交互网络化等特点，对测试工作的完整性提出了较大的需求。通过测试仪给保护装置或者合并单元加入电流、电压或者GOOSE 开入，并通过接收保护的 GOOSE 开出确定保护的动作行为，是目前智能变电站继电保护整组试验的主要方法。但这种基于测试仪静态输出的整组试验方法已经不能满足对继电保护系统进行整体性能测试的要求。首先从测试二次系统完整功能的角度来看，这类方法容易忽视二次系统中数据采集设备、网络通信等环节的影响，测试范围尚未覆盖二次系统全部；其次，由于测试仪不具备分布式结构，也缺乏对一次线路关联关系的考虑，如果考虑数据采集设备合并单元，又会导致接线复杂、相关保护配合条件众多和试验线过长，难以实现对跨间隔（母线保护）、跨电压等级（变压器保护）及整站级别保护功能的测试；最后，利用测试仪输出属于静态测试的范畴，不能反映一次系统故障下的暂态过

程，还存在着测试仪输出参数设置复杂、测试接线复杂、检测功能单一、测试项目简单等问题，不能全面检测二次设备的功能，无法对继电保护系统进行综合测试。

随着智能变电站建设的不断深入，逐渐形成了智能变电站标准化调试流程，即按组态配置→系统测试系统动模试验（可选）→现场调试→投产试验的顺序进行。这里的系统测试定义为单体和分系统调试，分系统调试涉及后台人机界面检验、后台事件记录及查询功能检验、后台定值召唤、修改功能检验、后台遥控功能检验、防误操作功能检验、AV（Q）C功能检验、设备状态可视化功能检验、智能告警功能检验、故障信息综合分析功能检验、保护故障信息功能检验、电能量采集功能检验等，与继电保护系统相关的是故障信息综合分析功能检验、保护故障信息功能检验。

系统动模试验为可选步骤，由于智能变电站实际工程一般采用成熟的网络结构和系统结构，厂家设备已大部分通过动模试验，且由于工程预算和工程进度影响，系统动模试验在目前智能变电站测试中应用较少，同时考虑到系统动模测试设备的体积，在智能变电站现场无法得到应用，因此，智能变电站继电保护系统测试目前更多的是依赖于现场调试。

现场调试主要包括回路、通信链路检验及传动试验，是回路和整体的验证性试验，涉及继电保护传动试验项目，目前按照保护整组试验的测试方案执行。

为客观评估继电保护系统，结合现场工作实际和变电站继电保护运行需求等，智能变电站继电保护系统测试需满足以下要求：

（1）系统测试最终目的是检验继电保护系统在各运行工况下，动作行为是否正确。因此测试方法所涵盖的设备环节也应与实际运行时继电保护系统所涉及环节范围一致，且系统各设备参数设置（继电保护装置定值、压板状态等）应与变电站投运后的实际运行状态一致。

（2）系统测试应首先检验继电保护系统正常运行工况下对变电站一次系统正常、异常和故障工况下的动作行为和动作时间，测试和验证继电保护系统的可靠性、选择性、速动性和灵敏性，并根据相关规程标准要求的技术指标和技术要求进行定性和定量分析评价。

（3）智能站继电保护系统是集网络化、信息化于一体的系统，其功能是通过众多设备配合加以实现的，检验继电保护系统功能，不仅需要检验系统正常运行工况下对电网一次系统故障的动作行为，还需要检验在系统自身一个或几个组成部分发生异常时，在电网一次系统正常、异常、故障运行工况下的继电保护系统动作行为，为保护系统的可靠性评价提供数据支撑。

因此，智能变电站继电保护系统的系统测试，考虑系统动模和现场调试的结合，按照组态配置→单体及分系统调试→系统测试→投产试验的步骤进行。这里提到的系统测试包括系统动模试验和现场调试，测试项目可细分为一次系统故障、二次系统异常及故障、同时发生一次系统故障和二次系统异常及故障三种类型，如图 5-4 所示。

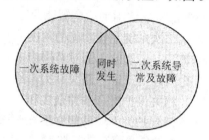

一次系统故障　同时发生　二次系统异常及故障

图 5-4　系统测试项目之间关系

（二）系统动模试验测试项目

测试目的是测试变电站一次系统故障时继电保护系统的整组动作时间，验证相应的继电保护装置的动作特性、继电保护装置之间的配合特性是否可以达到动作正确、快速隔离故障的要求，同时检查保护故障信息系统信号及故障信息综合分析功能的正确性。

测试项目参考 GB/T 26864—2011《电力系统继电保护产品动模试验》及 Q/GDW 689—2012《智能变电站调试规范》，测试项目按照一次系统的可能运行方式、运行状态进行分类，模拟变电站投运过程及运行中各种实际可能发生的一次系统故障或异常状况。

1. 变电站投运过程测试

（1）空载充电、倒闸、解合环操作：在系统仿真平台上模拟实际变电站的投运过程，对继电保护系统进行测试和功能性验证。

（2）手合于故障：模拟实际变电站的投运过程发生故障，在操作过程中考察继电保护系统的动作行为。

（3）母线倒闸过程中故障：模拟双母接线形式的间隔在母线倒闸过程中发生故障。

（4）变压器投运：变压器空投试验，变压器带故障空投试验。

2. 系统单一故障

模拟一次系统中线路、变压器、母线等设备保护区内金属和经过渡电阻单相接地、两相短路接地、两相相间短路、三相短路故障；模拟保护区外金属和经过渡电阻单相接地、两相短路接地、两相相间短路、三相短路故障。

3. 系统发展性故障

（1）线路：模拟保护区内同一故障点经不同时间由单相接地故障发展成为两相接地或

者三相接地短路故障；模拟线路区内经不同时间发展为区外单相接地故障；模拟同杆并架线路的跨线故障；发展性故障的两次故障间隔时间为 10～200 ms，根据工程经验建议选取 10 ms、50 ms、200 ms 三种典型时间，分别对应保护启动未动作、保护动作未跳开、保护动作且跳开故障三种模式。

（2）母线：模拟同一母线由单相接地故障经不同时间发展成为两相接地或者三相接地短路故障；模拟区外故障经不同时间再相继发生区内同名相和异名相间单相接地故障；模拟区内一段母线与另一段母线之间的发展性故障及两段母线（双母接线）同时故障，发展性故障的两次故障间隔时间为 10～500 ms。

（3）变压器：模拟变压器保护区内单相接地故障发展成相间短路、三相短路故障；模拟变压器保护区外单相接地发展为区内同相接地故障，发展性故障的两次故障间隔时间为 10～300 ms。

4. 系统稳定破坏时故障

模拟系统因静稳破坏及动稳破坏而引起的全相振荡，因线路开关单相跳开而引起的非全相振荡；模拟在全相振荡和非全相振荡中再发生区内外金属性单相接地、两相短路接地、两相相间短路、三相短路故障。

5. 系统频率偏移时故障

使仿真系统分别运行在 48 Hz 和 52 Hz，模拟保护区内外金属性接地短路故障。

6. 线路距离保护暂态超越

在不同的电源阻抗与线路阻抗（或整定阻抗比）的情况下，模拟距离保护整定值附近的金属性单相接地、两相短路接地、两相相间短路、三相短路故障。

7. 断路器失灵和死区故障

模拟一次系统故障断路器拒动；模拟双母接线的母联或分段断路器在合位或分位时，断路器与电流互感器之间故障。

8. 变压器特殊故障

（1）非电量保护试验。

（2）调整变压器分接头试验。

（3）变压器过励磁，提高系统电压或者降低系统频率。

（4）和应涌流试验，投切并联变压器，检查和应涌流对差动保护的影响。

9. 系统 TA、TV 断线模拟

模拟在不同负荷下，模拟 TA、TV 单相短路、三相断线及断线后的区内外故障。

10. 母线及线路多点故障动模试验

模拟在仿真系统同时触发多个设备（母线、线路、变压器）故障。

（三）二次设备异常测试项目

对于智能变电站继电保护系统各环节，系统测试工作不仅需要检验功能正确与否，在发现异常时，还需要进一步对其故障进行定位，以利于现场排除。因此，在系统测试时，除了需要考虑到各种功能的测试方法，还需要能对试验结果进行评估，给出故障定位结果。在变电站正常运行和发生故障两种情况下，制造各种二次设备异常或故障，观察相关二次设备的行为，包括模拟合并单元、交换机和全站对时系统的异常和故障，对全站运行状态进行监控，记录产生的相应影响；在此基础上，再模拟一次系统故障，主要验证继电保护功能是否受到影响及所受影响的程度。

1. 电子式互感器异常

（1）采样值无输出。

（2）采样值输出波形异常。

2. 合并单元异常

（1）合并单元异常数据：合并单元错序、丢帧、通信延时增大等异常。

（2）电源异常：合并单元失电，施加 80%额定值电压。

（3）合并单元失步：同步脉冲输入失效。

（4）通信异常：与保护的通信断开。

（5）采样值畸变：合并单元双 AD 中一路采样值数据畸变。

3. 智能终端异常

（1）电源异常：智能终端失电，施加 80%额定值电压。

（2）通信异常：与保护的通信断开。

（3）开入插件失效：不能够正确引入开关量信号。

（4）开出插件失效：出口继电器拒动。

（5）CPU 失效：智能终端不解析 GOOSE 报文，不向保护提供 GOOSE 报文。

4. 保护装置异常

（1）电源异常：保护装置失电，施加 80%额定值电压。

（2）通信异常：与合并单元通信断开，与站控层网络通信断开。

5. 时钟同步源异常

（1）时钟同步源失电。

（2）同步天线输入失效，所有二次设备丢失同步信号。

6. 交换机及网络异常

（1）交换机失电。

（2）交换机网络风暴，交换机快速生成树功能失效。

（3）交换机 VLAN 功能失效。

（4）交换机优先级功能失效。

（5）网络阻塞及大流量。

第二节　集成仿真测试技术

如前所述，继电保护系统测试是在多间隔或全站规模下模拟系统正常运行、异常及故障状态，对系统性能指标进行整体测试，充分验证各装置之间的配合性能及各种异常及故障下暂态特性，同时得到一次、二次设备异常及故障对变电站功能的影响程度及范围。

为实现该目的，进行系统动模试验，这就需要具备动模测试平台对变电站一次系统进行建模和仿真输出。进行二次设备异常测试项目，一方面可以对实际二次设备进行异常模拟，如设备断电、同步时钟对时断开等；另一方面，一些二次设备异常现象无法通过实际设备模拟，例如合并单元发送采样值错序、丢帧等，利用实际合并单元无法实现该异常现象，需要利用合并单元模拟装置实现。对一、二次系统异常及故障相结合的测试项目还需要将一次系统模拟和二次设备模拟结合在一起进行集成测试。因此，从智能站继电保护系统测试要求可以看出，智能站继电保护系统测试的条件更为复杂，以往采用继电保护测试仪静态测试的手段难以实现。

为此，利用实时仿真技术，采用实时闭环仿真平台、合并单元仿真装置、智能终端仿真装置、电子式互感器仿真等设备，并由这些设备组合在一起构成集成仿真测试系统。智能变电站集成仿真测试系统包括测试员工作站、实时仿真器、I/O 接口设备以及互感器、一次设备、合并单元、智能终端等设备的模拟装置。智能变电站集成仿真测试系统与真实的智能变电站二次设备共同构成闭环的集成仿真试验系统。

一、智能站集成仿真测试系统

目前应用的智能变电站实时仿真系统主要针对各类检测评估实验室开展应用，接线相对复杂，接口形式固定，且数量比较有限，无法很好地应用于变电站复杂的现场环境。因此，在智能变电站基建调试或检修现场，需要一种具备更加通用、灵活的数据传输模式以及终端配置方案的二次设备集成仿真测试系统。

（一）集成仿真测试系统结构

IEC 61850 标准中提出了智能变电站自动化系统的"三层两网"结构（即站控层、间隔层、过程层、站控层网络、过程层网络），为了使仿真测试环境更加接近真实的智能站二次系统配置，对应于该体系结构，智能变电站继电保护集成仿真测试系统的总体结构如图 5-5 所示。

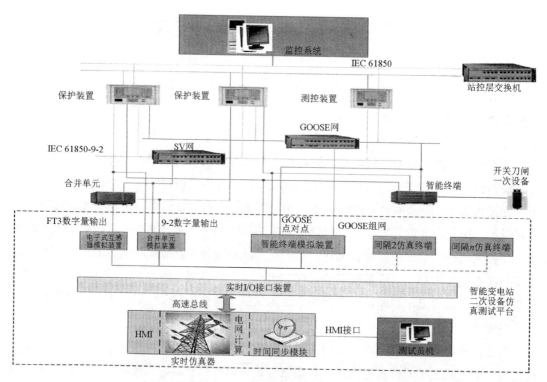

图 5-5　智能变电站继电保护集成仿真测试系统总体结构

集成仿真测试系统包括测试员工作站、实时仿真器、实时接口装置、仿真测试终端设备，仿真测试终端包括智能一次设备模拟装置、模拟智能终端接口设备、互感器模拟系统、合并单元模拟系统等，智能变电站一次设备、互感器以及过程层设备均可以采用模拟装置。

互感器模拟系统连接真实的合并单元，合并单元输出通过点对点采样或 SV 网络采样接入保护、测控及电能计量装置；合并单元模拟系统采集电磁暂态仿真计算结果，以 IEC 61850-9-2 标准规约格式通过组网或点对点方式接保护、测控及电能计量装置；智能一次设备模拟装置可以与真实的智能操作箱相接，模拟断路器、隔离开关的分合状态；模拟智能终端接口设备直接通过点对点或组网接保护、测控及电能计量装置。

智能变电站整体测试仿真系统与真实的智能变电站站控层、间隔层及部分过程层设备共同构成闭环的模拟试验系统。用户可以通过后台控制计算机来制定测试方案、搭建测试一次系统、设置参数及一次故障设置、控制仿真进程和对系统维护管理。

（二）实时仿真器

实时仿真器（简称仿真器）采用数字仿真系统，人机界面运行于测试员工作站中。仿真器能提供正常运行时保护、测控等装置所需的高精度电流、电压值，也能够提供电网故障及误操作时的故障电流、电压值。仿真器拥有变压器、线路、断路器、隔离开关、负荷、电容器、电抗器、电流互感器、电压互感器、避雷器等设备详细的电磁暂态模型和各种故障模型，并在此基础上构建出更为复杂的复合性、发展性故障，能够对数字化保护、测控等二次设备的性能进行全面细致的动模测试。

1. 工业控制主机

实时仿真器采用成熟的工业控制主机实现，工业控制主机硬件主要由工业机箱、无源底板及可插入其上的各种板卡，如 CPU 卡、存储器卡、同步对时卡、I/O 接口卡等组成。工业控制主机硬件外观如图 5-6 所示。

图 5-6 工业控制主机硬件外观

工业控制主机具备以下技术指标：

（1）标准 4U 上架式机箱设计，兼顾实验室科研与变电站现场测试两种应用环境。

（2）主机采用全钢机壳、机卡压条过滤网、双正压风扇等设计及电磁兼容技术，以解决变电站现场环境的电磁干扰、振动、灰尘、高低温等问题。

（3）无源底板的插槽由总线扩展槽组成。总线扩展槽选用 PCI-E 总线，考虑到典型 220 kV 及以上智能变电站间隔规模，总线扩展槽采用 14 槽背板设计，保证全站仿真数据终端同时接入，并保有一定裕量。无源底板采用四层结构，中间两层分别为地层和电源层，这种结构方式可以减弱板上逻辑信号的相互干扰和降低电源阻抗。底板可插接各种板卡，包括 CPU 卡、内存卡、显示卡、时钟控制卡、I/O 接口卡等。

2. 核心运算处理器

为了满足主站系统运算速度和实时性需求，实时仿真器的核心处理器选用 2 颗英特尔四核处理器，型号为 XEON X5570，主频 2 930 MHz，支持 DDR3 和超线程技术。X5570 采用 45 nm 工艺制造，工作功率 95 W。处理器配以 QNX 嵌入式实时操作系统，完成智能变电站电磁暂态仿真运算，模拟正常运行和各种故障状态下的设备及电网动态过程。此外，开发了高速软总线，实现对多 CPU 并行处理的支持，保障不同电压等级、不同结构和不同接口形式的智能变电站仿真测试要求。

3. 嵌入式操作系统

早期的嵌入式系统多不采用操作系统，它们都是为了实现某些特定功能，使用一个简单的循环控制对外界的控制请求进行处理，不具备现代操作系统的基本特征（进程管理、存储管理、设备管理、网络通信等）。随着控制系统越来越复杂，应用范围越来越广泛，缺少操作系统将会造成很大的局限性。20 世纪 80 年代以来，出现了各种各样的商业用嵌入式操作系统，如 QNX、VxWorks、RT-Linux 以及 Windows CE 等，使得嵌入式系统设计有了很大的选择余地。为满足实时仿真的需求，选择 QNX 作为实时仿真器的操作系统。

QNX 在体系结构上非常先进高效，采用的是客户机/服务器结构，具备微内核和许多可选服务器进程。微内核只实现实时操作系统应该具备的基本功能，即任务调度、进程间通信、中断处理、网络接口。其他的功能都以协作进程（cooperative processes）的方式实现，这些协作进程就是服务器进程，它们向客户进程提供服务。在 QNX 中，服务器进程的例子很多，如文件管理器、进程管理器、网络管理器、图形界面管理器等。微内核运行在优先级 0，服务器进程和设备驱动程序运行在优先级 1 或 2，应用进程运行在优先级

3。QNX 的优先级保护机制使得整个系统的稳定性比 VxWorks 有大幅提高。

QNX 是基于消息传递的操作系统，消息传递是 QNX 基本进程间的通信机制，消息传递服务基于客户机/服务器模型：客户进程向服务进程发送消息，服务进程也用消息响应。许多 QNX 系统调用都是基于这种机制的。

QNX 的微内核结构中集成了消息机制和网络功能，因此 QNX 的分布计算能力很强，适合于分布式应用。QNX 的网络管理器对用户进程屏蔽了网络的存在，使得不同 CPU 上的用户进程间通信时仍能采用消息机制，消息使用方式与本地用户进程间通信完全一致。

QNX 使用进程/线程模型。QNX 源于 UNIX 操作系统，所以它具备进程的概念。在 QNX 中，每个进程都享有独立的虚拟存储空间，使系统更加稳定。而在 VxWorks 中，需要另外的模块才能提供类似的功能。

QNX 是多进程系统，其进程可以创建子线程。在 QNX 中，子线程与父进程享受同样的数据段和代码段，并且在父进程被撤销后，子线程仍可以继续运行。

QNX 提供优先级数目 256 个，系统能够创建的进程数为 4 095 个，每个进程能够创建 32 767 个线程。任务调度方面，提供四种调度策略：基于优先级的 FIFO 调度（SCHED_FIFO），基于优先级的 Round-Robin 调度（SCHED_RR），Sporadic 调度（SCHED_SPORADIC）以及其他调度策略（SCHED_OTHER）。

QNX 采用的也是嵌套，分优先级的中断方式。中断 ISR 在挂接它们的进程的上下文中执行。每个 ISR 具有它自己的堆栈。

QNX 的内存保护机制相当完善。每一个进程都在独立的虚拟空间运行，具有独立的数据段和代码段。虚拟内存由 Intel 处理器的分页功能提供。为了避免内存碎片问题，QNX 使用固定大小内存分段。QNX 提供的内存保护提高了系统稳定性，对于系统调试阶段也很有帮助。

QNX 有 QNX 机器之间的专用网络，QNX 机器自身之间通信使用的协议，将多台 QNX 物理机连成一体，在各物理机之间共享各种资源，使各物理机连接成为一台逻辑机。对于需要分布式并行计算的应用系统而言，QNX 系统的这种特点提供了极大的方便。对于分布式系统不能满足需求的应用系统而言，QNX 更提供对称多处理器的方式供用户选择。由于 QNX 微核及消息传递结构，通过 QNX 处理由许多具体计算机（节点）组成的网络系统就像一台单一的计算机。节点之间是平等的，每个节点都是网络根目录下的一个子目录，每个节点都可以把其他节点当作一个图表来操作，不需要专门的远程操作命令。网络允许任何进程使用网络中任何计算机的任何资源。无盘节点能由网络自举，使用网络中处于任何地方的任何资源。对于一些关键性的应用，QNX 可以通过利用分布式网络信息实现热备份。QNX 网络具有透明的分布处理能力、容错网络功能、均衡负荷功能，以及可扩充的结构。网络节点之间多重冗余连接保证了某一局部网络发生故障时系统能正常工作。

（三）实时接口装置

实时接口装置应满足闭环仿真的实时性及同步性要求，数量应满足典型智能变电站整站测试输入输出配置需求，通过开关量输入系统采集断路器、隔离开关动作情况和保护动作信息，为智能电网的实时仿真计算和保护动作信息的传递提供保证。

实时接口装置由 I/O 扩展箱和通信接口卡共同组成，搭载高速、高精度同步输出数字模拟转换、高速通信及开关量输入输出等子系统。

1. I/O 扩展箱

I/O 扩展箱采用全钢制透风式的机壳，标准 4U 机箱，扩展箱底板可以固定在机架上。扩展箱与主机之间的连接方式如图 5-7 所示。

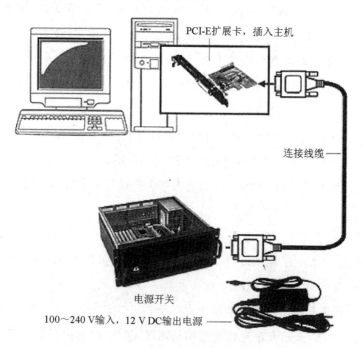

图 5-7　I/O 扩展箱连接图

2. 通信接口卡

通信接口卡通过 PCI 插槽与仿真测试主站实时 I/O 接口设备连接，负责将仿真器输出的数据高速同步地发送到各被测间隔二次设备。通过 FPGA 实时处理模块,实现协议转换、数据组包、帧同步等核心功能。其他部分还包括电源管理模块、时钟同步模块、CPU管理单元以及以太网 PHY。其功能框图如图 5-8 所示。

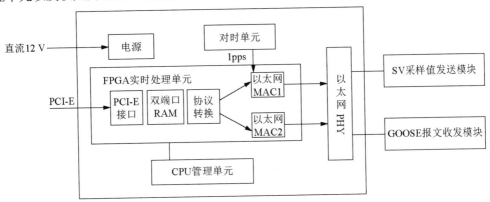

图 5-8 通信接口卡功能框图

(四)仿真测试终端

仿真测试终端是连接仿真测试主站与真实的智能变电站二次系统的一座桥梁,为了使整个仿真测试平台能够更好地应用于各种不同二次系统配置的智能变电站现场环境,仿真测试终端具备模拟量、数字量、GOOSE 状态量等多种输入输出数据格式,兼容各种不同电压等级、不同主流厂家、不同通信规约的二次设备,同时具有通用的硬件接口,确保能够很好地应用于各种系统配置的智能变电站。

仿真测试终端包括电子式互感器、合并单元、智能终端模拟装置。其中电子式互感器模拟装置以及合并单元模拟装置分别输出 FT3 及 IEC 61850-9-2 标准格式数据,模拟实际变电站合并单元前后数字化电流电压采样值的输入,将电磁暂态仿真计算结果实时转化为通信信息发送,为间隔层设备提供真实可靠的仿真数据源。而智能终端模拟装置可通过点对点或 GOOSE 网与保护、测控等设备相连,发送并接收 GOOSE 信息。

1. 合并单元仿真

合并单元模拟装置用来模拟智能变电站过程层设备合并单元,输出遵照 IEC 61850-9-2、 FT3 等标准,模拟过程层合并单元发出的通信报文,将电磁暂态仿真计算结果波形实时转化为通信信息发送,为间隔层设备提供真实可靠的仿真数据源,实现智能变电站中合并单元的模拟。合并单元模拟装置可同时模拟多个合并单元,满足智能变电站整体测试需求。该系统采用集中配置方式,可以提高设备利用率。为确保仿真实时性的要求,不同合并单元的模拟采用独立网络接口，带宽不低于 100 Mb/s。

合并单元模拟装置是一种基于 FPGA 的集成了电子式互感器与合并单元功能的模拟装置，将电磁暂态仿真计算结果波形实时转化为 IEC 61850-9-2 规约格式通信报文，实现与真实保护测控装置、故障录波装置及交换机等设备的连接，可对合并单元异常运行状态进行模拟，满足试验项目对真实二次设备的需求。该装置可转发正常状态及各种故障状态运行数据，同时 IEC 61850-9-2 报文可按 SCD 文件或 ICD 模型文件要求灵活配置，可设定输入通道数、采样频率等参数，支持多端口输出，延时小，具有精确的时间同步性，可以实现多个合并单元的模拟，为间隔层设备提供可靠的仿真数据源，满足智能变电站配置需求。

图 5-9 为模拟合并单元硬件原理图，其中 FPGA（field-programmable gate array）为现场可编程门阵列，是一个含有可编辑元件的半导体设备。PHY 是以太网的物理层芯片，MAC 是集成在 FPGA 中的以太网数据链路层模块，PCI-E 控制器是集成在 FPGA 中的 PCI-E 总线管理控制模块，PCI-Express 总线技术是总线和接口标准，又称之为 3GIO，速率可达 8 GB/s。人机管理模块用来对模拟合并单元进行配置，并传递告警信息。设备面板上 LED 灯可以实时显示千兆、百兆以太网口的通信状态。

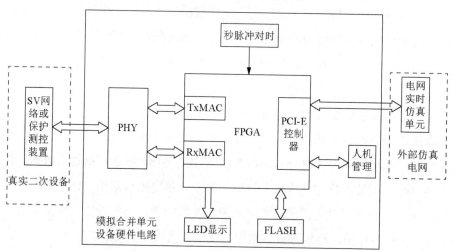

图 5-9　模拟合并单元硬件原理图

FPGA 数据处理模块是整个模拟装置的核心，主要完成 PCI-E 接口的管理及通信、数据缓存及处理、数据组包、等间隔发送、以太网 MAC 功能实现、实时监控等功能。FPGA 设计如图 5-10 所示。

模拟设备上电后从 FLASH 中读取 FPGA 的配置，人机管理模块通过 PCI-E 接口将地址列表写至 FPGA 的 RAM 空间，当 RAM 空间不足时则缓存到 FLASH 中。

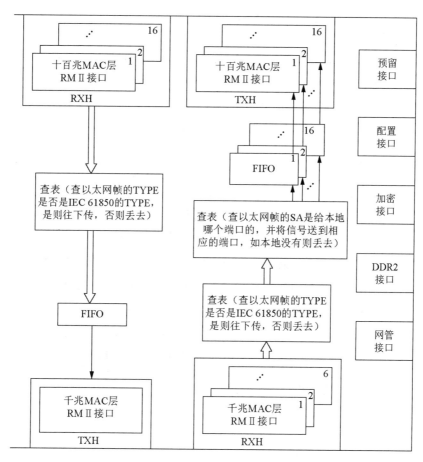

图 5-10　FPGA 板卡设计框图

FPGA 通过 PCI-E 总线接口实现实时数据接收，并按照 IEC 61850-9-2 规约要求进行数据组包，针对指定 MAC 地址对接收的大量数据进行隔离、组播。同时，按照指定缓存数目将接收报文进行缓存。采用同步对时机制，按照固定采样频率将报文从指定以太网端口发出，实现为二次设备提供数据源。本装置发送间隔离散值小于 10 μs，满足等间隔发送需求，支持点对点和组网输出，保证二次设备接收数据正常。

合并单元模拟装置具有以下特点：

（1）一台装置可以同时仿真 15 个合并单元，节约了很多成本。

（2）数据采样率为符合 IEC 61850-9-2 标准的 4K 采样率，能够按照 IEC 61850-9-2 标准组数据包发送数据给保护测控装置。

（3）数据采样通道可根据现场实际情况灵活配置，易于扩展维护。

（4）满足数据等间隔发送需求，误差在±5 μs 以内。

（5）可模拟合并单元通道异常、数据抖动、数据包丢失等异常和故障情况。

（6）支持多端口输出，配置灵活。

（7）采用无风机散热，具有强抗电磁干扰能力，适应变电站内恶劣物理环境。

（8）可以按功能需求进行组播和隔离。

（9）可实现远程管理和本地管理。

（10）可以实现双设备冗余备份，提高了设备可靠性。

2. 智能一次设备及智能终端仿真

智能一次设备模拟系统以嵌入式计算机为核心，通过硬件电路和软件技术实现对输入信号、输出信号及系统的完整控制和管理。可以模拟一次设备的状态信息和控制量，通过电缆接线和智能终端连接。智能一次设备模拟装置包括智能断路器模拟装置、智能变压器模拟装置等。智能一次设备模拟装置不仅可以仿真常规一次设备开关量输入输出，而且能够仿真智能一次设备状态监测信息，并实现二次回路各种异常状态的模拟。

（1）智能型嵌入式模拟断路器

智能型嵌入式模拟断路器以嵌入式计算机为核心，通过硬件电路和软件技术实现对输入信号、输出信号及系统的完整控制和管理。通过分布式布局和现场控制总线，智能型嵌入式模拟断路器可以组成控制网络实现后台主机的管理。

智能型嵌入式模拟断路器具有以下功能：

① 设有三相跳、合闸回路。

② 每相跳闸回路可单独跳、合闸。

③ 每相跳闸回路可单独设定跳、合闸时间。

④ 支持"三跳""三合"（三相同时跳、合闸）。

⑤ 单相支持双跳闸回路。

⑥ 三跳支持双跳、合闸回路。

⑦ 每相跳闸回路包括 8 对辅助空接点。

⑧ 每相合闸回路包括 4 对辅助空接点。

⑨ 支持开关机构故障模拟。

⑩ 机构故障模拟包括 16 对辅助空接点，8 对常开、8 对常闭。

⑪ 支持通信、遥控、手动功能。

⑫ 支持状态指示功能。

⑬ 支持监控系统的控制功能。

⑭ 支持声音告警。

（2）智能型嵌入式模拟刀闸装置

智能型嵌入式模拟刀闸装置是以嵌入式计算机为核心设计的模拟硬件装置，可模拟现场刀闸的操作及刀闸位置情况，并通过软件实现对操作过程的控制和管理。通过分布式布局和现场控制总线，智能型嵌入式模拟刀闸可以组成控制网络实现后台主机的管理。

智能型嵌入式模拟刀闸装置具有以下功能：

① 设有 6 路刀闸开关。

② 每路刀闸开关可单独跳、合闸。

③ 每路刀闸包括辅助接点：4～6 对常开空接点，4～6 对常闭空接点。

④ 支持通信、遥控、手动功能。

⑤ 支持状态指示功能。

⑥ 支持监控系统的控制功能。

⑦ 支持声音告警。

（3）智能终端模拟装置

智能终端模拟装置不仅可以仿真开关量变位信息和遥控功能，而且能够仿真智能一次设备状态监测信息。智能终端模拟装置主要包括高速多网口网卡和以太网光电转换设备。

高速多网口网卡是一款 32-bit PCI 总线接口标准的 10/100 M 百兆网卡，支持 32 位 PCI 数据总线，兼容 PCI 2.2 规范，具有 4 个 RJ-45 接口，使用双绞线接入。该网卡可将仿真的 GOOSE 信息通过组网或点对点与保护、测控等设备相连。

以太网光电转换设备是一台机架式光纤收发器，可安装在机架中，便于统一管理和维护，主备电源工作保证了系统的可靠性。采用无源背板总线结构，为各类型模块提供稳定的高品质电源，提供温度过热、过压、过流保护。支持网管模块，可实现设备的远程实时监控系统运行，提供工作状态、告警状态；支持模块的热插拔操作；支持 10 M、100 M、10/100 M、10/100/1 000 M 单模、多模光纤模块，支持单/多模双纤双向、单纤双向模块。支持全双工和半双工，并带有自动协商能力。支持多种传输距离：2～120 km。符合电信级要求，平均无故障工作时间 10 万 h。具备端口限速功能，可以任意设置（如不设置限速功能，带宽可达 100 M）并支持上下行单独设置。可以显示和配置完备的系统信息，包括机架名称、地域信息、IP 地址相关信息、持续运行时间及软硬件版本号等。

模拟智能终端接口设备通过 GOOSE 网或点对点与保护、测控等设备相连。模拟智能终端接口设备配有至少 32 路光纤接口，与 GOOSE 网络交换机或保护、测控装置相连，发送并接收 GOOSE 信息，满足智能变电站整体测试的需求。

为确保仿真实时性的要求，不同模拟智能终端接口设备采用独立网络接口，带宽不低于 100 Mb/s。设备具有良好的兼容性和扩展性。

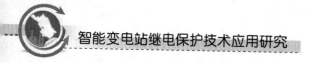

3. 电子式互感器仿真

电子式互感器模拟系统是模拟电子式互感器输入输出信号的设备，可以按照测试需要与过程层设备相连，主要用于过程层合并单元以及智能变电站整体保护功能的测试。

电子式互感器模拟系统，可以模拟基于罗科夫斯基线圈的电子式电流互感器（简称罗氏互感器）、基于法拉第磁旋光效应的电子式电流互感器、基于电阻或电容分压原理（电子式）和基于 Pockets 效应（光学）的电子式电压互感器。按照现有主流厂家的电子式互感器通信规约，提供光纤串口输出，实现与不同厂家合并单元的连接。可以根据不同厂家产品设计，接收合并单元的触发脉冲信号，按照合并单元的控制输出采样值，也可以按照固定采样频率自动向合并单元输出采样值。

考虑智能变电站需测试的二次设备厂家、型号较多，接口方式复杂，为减少投资和提高系统可扩展性，优先采用集中设计、统筹配置、灵活设置的电子式互感器模拟装置模式。

其主要功能如下：

① 能够兼容主流设备厂家合并单元。

② 输出数据格式具有良好兼容性。

③ 具有对时功能，可满足同步性和实时性要求，对时和本站对时系统匹配。

④ 可以模拟电子式互感器异常运行状态、丢帧等常见异常和故障。

⑤ 具备和两个以上的合并单元连接的功能。

⑥ 模拟系统具有良好的可扩展性，便于以后系统扩展。

⑦ 接口数量满足本功能数据输入需要，并有一定程度的冗余。

⑧ 具有自诊断功能和相应的数据配置工具便于维护。

⑨ 连接均采用光纤接口，光纤接口数量满足智能变电站整体测试需求，且留有一定裕度。

电子式互感器模拟装置以高性能 DSP 为核心，通过硬件电路和软件技术实现了对电子式互感器和小信号模拟输出的模拟，并按照 FT3 以及现有主流厂家的电子式互感器通信规约，实现与不同厂家合并单元的连接。

电子互感器模拟装置主要包含基于 PCI 总线以 DSP 为核心的高性能高速度互感器模拟板卡和光电转换装置：互感器模拟板卡的每块卡具有 16 个输出通道，也可采集合并单元同步脉冲信号，支持各种采样率和波特率的合并单元，支持同步和异步方式。其中 PCI 总线带宽为 32 位，支持 PCI2.2 协议，真正实现即插即用；接口芯片配置有缓存，方便与计算机通信；光电转换装置是能够将互感器模拟板卡输出的电信号转换为光信号的装置，以适应与合并单元光纤接口的连接。每台装置可配置成 32 路发送通道或 16 路发送 16 路接收通道，通过 37 针电缆与互感器模拟板卡相连，采用高性能的安捷伦光电耦合器，最高通信速度可达 10 MBd，装置带有指示灯，可指示所有通道目前的状态。

电子互感器模拟装置根据所接合并单元的不同，分为同步式和异步式电子互感器模拟装置两种类型。

（1）同步式电子互感器模拟装置

同步式电子互感器模拟装置结构如图 5-11 所示。同步式电子互感器模拟系统需接收合并单元发送的同步脉冲信号，装置接收到同步脉冲信号后，再进行组包和发送，装置发送的时间间隔即采样频率由合并单元来控制。另外，互感器模拟板卡通过 PCI 总线与主机进行数据交互，将接收到的数据进行组包、转换，再将组好的所有通道的数据并行发送，发送后的信号经隔离驱动后通过集成电缆接到光电转换装置上。光电转换装置的主要功能是将所有通道的电信号转换成合并单元需要的光信号，同时光电转换装置还具备曼彻斯特编码、通道切换的功能。

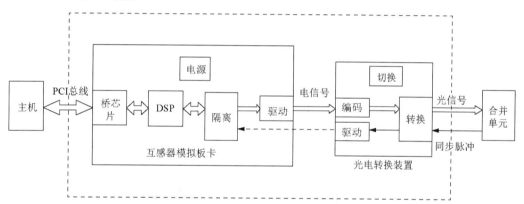

图 5-11 同步式电子互感器模拟装置结构图

（2）异步式电子互感器模拟装置

异步式电子互感器模拟装置结构如图 5-12 所示，采用的是根据采样频率自主定时发送的方式，按板卡的晶振来获取发送时间间隔，在发送时间点进行组包和发送。

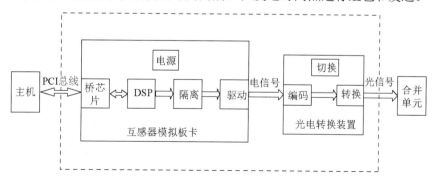

图 5-12 异步式电子互感器模拟装置结构图

二、集成仿真测试系统的应用

在实际的智能变电站工程测试现场应用中，通过电子式互感器、合并单元、智能终端等智能二次设备模拟装置，将智能电网实时仿真器模型运算取得的采样值、开关量数据接入实际的变电站二次系统，实现与真实运行的变电站相同的设备配置，灵活有效地完成站内合并单元、智能终端、保护装置等单装置以及全站二次系统不同范围、不同功能的重点测试。下面分别按照采样值和状态量两种类型的数据介绍典型的变电站接入模式。

1. 采样值传输的三种模式

（1）电子式互感器模拟

如图 5-13 所示，在该模式下，模拟装置实现了电子式电流、电压互感器的功能。测试主站通过模型运算取得变电站正常运行或故障时刻的电流、电压采样数据，通过 PCI 总线发送给电子式互感器模拟装置，该装置将数据打包后以 FT3 通信规约格式发送至真实的变电站合并单元 ST 输入光口，再通过点对点或组网方式提供给保护、测控等二次设备。在这种模式下可以考察变电站包括合并单元在内的二次设备运行及通信性能。

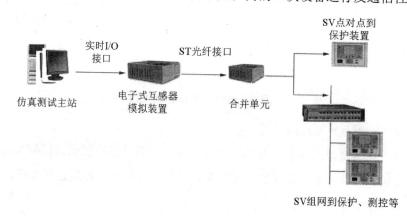

图 5-13　电子式互感器模拟

（2）常规互感器模拟

如图 5-14 所示，在该模式下，互感器模拟装置直接输出电流、电压模拟小信号，经过功率放大器放大后，将二次电流、电压模拟量发送给真实的间隔合并单元，再通过点对点或组网方式提供给保护、测控等二次设备。这种模式可以考察包括合并单元在内的二次设备运行及通信性能。

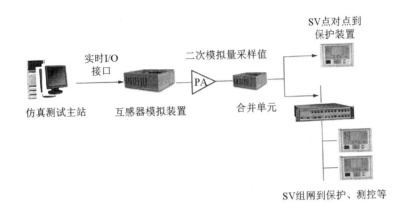

图 5-14 常规互感模拟

（3）合并单元模拟

如图 5-15 所示，在这种模式下，模拟装置替代了变电站被测间隔合并单元的功能。主站将计算取得的电流、电压数据发送给合并单元模拟装置，合并单元模拟装置将数据编码后直接按照 IEC 61850-9-2 帧格式输出 SV 数字化采样报文，通过点对点或组网方式提供给间隔层保护、测控等二次设备。在进行合并单元通道异常、数据抖动、数据包丢失等异常和故障对继电保护系统影响测试时，可采用该模式进行接入测试，专门考察数字化保护、测控、故障录波等间隔层设备的工作性能。

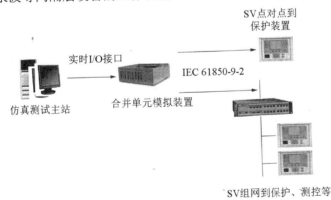

图 5-15 合并单元模拟

2. GOOSE 状态量信息传输的两种模式

（1）智能终端及开关一次设备模拟

如图 5-16 所示，在该模式下，变电站被测间隔实际的智能终端、开关刀闸一次设备未接入整个测试闭环，而是由开发的智能终端模拟装置替代实现了相应的 GOOSE 报文接收、转发功能。而当保护装置采集到故障量后将动作指令以 GOOSE 报文形式通过智能终端模拟装置反馈给主站系统，主站系统相应改变故障模型中的开关状态，并调整输出的电流、电压量，实现整个测试过程的闭环。这种模式未将实际开关刀闸接入测试闭环，但避免了由于重复的整组试验而造成一次设备反复分合带来的不良影响。

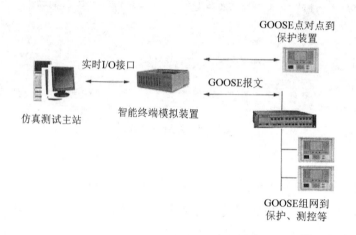

图 5-16　智能终端及开关一次设备模拟

（2）带开关整组测试

如图 5-17 所示，该模式实现待测间隔二次系统带开关一次设备的整组测试。和智能终端及开关一次设备模拟方式不同之处在于，保护装置采集到故障量后，按照实际的保护→智能终端→开关设备回路实现跳、合闸，智能终端模拟装置从 GOOSE 网采集相应的动作报文，解析后回传给仿真测试主站，主站系统改变故障模型中的开关状态，并相应调整输出的电流、电压量，实现测试过程的闭环。该接入模式重点进行的是包括智能终端和开关一次设备在内的整组动模测试。

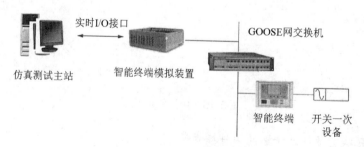

图 5-17　整组测试环境模拟

参 考 文 献

[1] 陈德树. 计算机继电保护原理与技术[M]. 北京：水利电力出版社，1992.

[2] 段雄英. 电子式电力互感器的相关理论与实验研究[D]. 武汉：华中科技大学，2001.

[3] 高翔. 数字化变电站应用技术[M]. 北京：中国电力出版社，2008.

[4] 高翔. 智能变电站技术[M]. 北京：中国电力出版社，2012.

[5] 何磊，占伟，邰向军. GOOSE 技术在变电站中应用的问题分析[J]. 河北电力技术，2010，29（4）：11-12.

[6] 胡国，唐成虹，徐子安，等. 数字化变电站新型合并单元的研制[J]. 电力系统自动化，2010，34（24）：51-56.

[7] 李红斌，刘延冰，张明明. 电子式电流互感器中的关键技术[J]. 高电压技术，2004，30（10）：4-6.

[8] 李九虎，郑玉平，古世东，等. 电子式互感器在数字化变电站的应用[J]. 电力系统自动化，2007，31（7）：94-98.

[9] 罗苏南，叶妙元. 电子式互感器的研究进展[J]. 江苏电机工程，2003，22（3）：51-54.

[10] 任雁铭，秦立军，杨奇逊. IEC 61850 通信协议体系介绍和分析[J]. 电力系统自动化，2000，24（8）：62-64.

[11] 谭文恕. 变电站通信网络和系统协议 KC 61850 介绍[J]. 电网技术，2001，25（9）：8-11.

[12] 唐涛，诸伟楠，杨仪松，等. 发电厂变电站自动化技术及其应用[M]. 北京：中国电力出版社，2005.

[13] 田朝勃，索南加乐，罗苏南，等. 应用于 GIS 保护及监测的罗氏线圈电子式电流互感器[J]. 中国电力，2003，36（10）：53-56.

[14] 吴士普，刘沛，徐雁，等. 光电电流互感器中的光供电技术应用研究[J]. 高电压技术，2004，30（4）：52-53.

[15] 肖耀荣，高祖绵. 互感器原理与设计基础[M]. 沈阳：辽宁科学技术出版社. 2003.

[16] 杨奇逊，黄少锋. 微型机继电保护基础[M]. 2 版. 北京：中国电力出版社，2005.

[17] 杨雄彬，张晓霞. 电压切换回路设计缺陷及改进方法[J]. 电力建设，2008，29（12）：55-57.

[18] 殷志良，刘万顺，杨奇逊，等. 基于 IEC 61850 标准的过程总线通信研究与实现[J]. 中国电机工程学报，2005，25（8）：84-89.

[19] 张耀洪，袁锋，岑林，等. 考虑 PT 二次电压及刀闸辅助触点的电压并列判据[J]. 电力系统保护与控制，2011，39（15）：137-140.

[20] 朱炳铨，王松，李慧，等. 基于 IEC 61850 GOOSE 技术的继电保护工程应用[J]. 电力系统自动化，2009，33（8）：104-107.